AKADEMIE DER WISSENSCHAFTEN UND DER LITERATUR

ABHANDLUNGEN DER

MATHEMATISCH-NATURWISSENSCHAFTLICHEN KLASSE

JAHRGANG 1975 · NR. 3

Vom Wesen der Tropen

Klimaökologische Studien zum Inhalt und zur Abgrenzung eines irdischen Landschaftsgürtels

von

WILHELM LAUER

Mit 26 Abbildungen, 30 Photos und 1 Karte im Anhang

AKADEMIE DER WISSENSCHAFTEN UND DER LITERATUR · MAINZ
IN KOMMISSION BEI FRANZ STEINER VERLAG GMBH · WIESBADEN

CIP-Kurztitelaufnahme der Deutschen Bibliothek

Lauer, Wilhelm

Vom Wesen der Tropen: klimaökolog. Studien z. Inh. u. z. Abgrenzung e. ird. Landschaftsgürtels.

(Abhandlungen der Mathematisch-Naturwissenschaftlichen Klasse / Akademie der Wissenschaften und der Literatur; Jg. 1975)

ISBN 3-515-02091-8

Vorgetragen in der Plenarsitzung am 12. Februar 1972,
zum Druck genehmigt am selben Tage, ausgegeben am 28. August 1975

Inhalt

Vom Wesen der Tropen

Klimaökologische Studien zum Inhalt und zur Abgrenzung eines irdischen
Landschaftsgürtels

Einen irdischen Landschaftsgürtel in seiner geographischen Wesenheit
zu erfassen, ist eine ebenso reizvolle wie schwierige Augfabe. Das Wesen
der Tropen ist komplex, die Begriffsdefinition daher kaum eindeutig. Der
Tropenraum ist mit vielen Merkmalen ausgestattet, die der subjektiven
Empfindung, was man für typisch tropisch hält, weiten Spielraum lassen.
Man wird sich bemühen müssen, Typenmerkmale zu ergründen, die einer
inhaltlichen Bestimmung nahekommen und eine begriffliche Definition
erlauben.

Von den Tropen ist heute nicht selten die Rede. In der sogenannten
,,politischen Landschaft'' unserer Tage lokalisiert man dort fast alle
Länder der ,,Dritten Welt'', Landschaftsräume von wirtschaftlicher
Rückständigkeit, pointierten sozialen Spannungen und rasch wachsender
Bevölkerung. Mit Recht konnte daher PIERRE GOUROU in seinem schon
zu den geographischen Klassikern zählenden Werk: ,,Les pays tropicaux'',
(1946)[1] die Frage nach einer eigenen Geographie – gemeint ist Kultur-
geographie – der Tropen voll bejahen, da alle Länder dieses Landschaftsgürtels trotz ihrer Zugehörigkeit zu den verschiedensten Kulturkreisen
gemeinsame natürliche Grundzüge besitzen.

Die Reiseliteratur des 19. Jh., auch noch das Touristenschrifttum
unserer Tage, preisen die großartige und üppige Pracht der Natur in den
Tropen. Sie sprechen von wildem Dschungel, von exotischer Pflanzen-
und Tierwelt, von andersfarbigen Menschen, von seltsamen Sitten und
Gebräuchen, von fremdartiger Lebensweise. All das wird als Ausdruck
eines Landschaftsgürtels verstanden, in dem andere natürliche Kraft-
maße und Maßstäbe herrschen als in unseren Breiten.

Das, was die Tropenzone der drei Kontinente verbindet, ist aber a
priori nicht ihr kultürliches, geistiges und gesellschaftliches Band, sondern
ihr physisches und ökologisches Wesen. Von ihm soll auch hier nur die

[1] Vgl. auch P. GOUROU: Leçons de géographie tropicale. Paris 1971.

Rede sein. Tropen definieren heißt also primär: physische und ökologische
Wesenszüge erkennen und darlegen.

Das Wort Tropen leitet sich her von griechisch τρέπειν (wenden) und
meint das „scheinbare" Wenden der Sonne zu den Solstizien. Damit sind
die Tropen als der Erdausschnitt gekennzeichnet, der zwischen den
Wendekreisen liegt. Dieser *solare* bzw. *astronomische* Tropenbegriff
basiert auf der Stellung unseres Planeten zur Sonne. Die Ekliptikschiefe
in Verbindung mit der Revolution und Rotation unseres Gestirns bewirkt, daß der Einfallswinkel in diesem irdischen Bereich nie unter 43°
sinkt. Infolgedessen gibt es keinen Sonnen- und Schattenhang, da die
Sonne jeden Abhang ausleuchtet. Der Wechsel zwischen Tag und Nacht
ist scharf, die Dämmerung kurz. Tag und Nacht sind am Äquator immer
gleich lang (12 Stunden). An den Wendekreisen erreicht der längste Tag
ca. $13^1/_2$ Stunden, der kürzeste Tag $10^1/_2$ Stunden. Am 50. Breitenkreis
hingegen beträgt der längste Tag bereits 16 Stunden 10 Minuten, der
kürzeste Tag 7 Stunden 50 Minuten. Jenseits des Polarkreises tritt
schließlich das Phänomen der Mitternachtssonne und der Polarnacht
auf, d.h. der längste Tag beträgt 24, der kürzeste 0 Stunden. Die Tropen
sind demnach die Zone ohne merkliche jahreszeitliche Bestrahlungs-
unterschiede (LOUIS 1958).

Die Stellung unseres Planeten im Sonnensystem bringt es mit sich,
daß die warmen Gebiete sich um den Äquator zwischen den Wendekreisen anordnen. Daraus folgt auch eine thermische Uniformität, eine
Gleichmäßigkeit der Temperatur, die die Tropen zu einem Gebiet ohne
prononcierte thermische Jahreszeiten macht. Es fehlt der Kontrast
zwischen Sommer und Winter. Nur Tag und Nacht verursachen größere
thermische Unterschiede.

Aus dem solaren Tropenbegriff ist eine weitere Tatsache ableitbar,
die üblicherweise als ein allgemeines Tropenmerkmal angesehen wird.
Die intensive Strahlung unter senkrecht stehender Sonne verursacht im
Zusammenhang mit der überreichen Erwärmung der Luft auch eine hohe
Aufnahmekapazität für Wasserdampf. Daraus ergibt sich, daß die Luft-
massen in dieser Zone einem starken Auftrieb unterliegen, rasch kon-
densieren und hohe Niederschläge erbringen, die die der kühlen und
kalten Breiten an Menge und Intensität weit übertreffen. Damit werden
die Tropen nicht nur thermisch, sondern auch hygrisch apostrophiert, indem sie zugleich warme und feuchte Zone der Erde sind. Von den Tropen
als dem heißen Gürtel der Erde wissen wir seit Parmenides. Die begriffliche Fassung der Tropen als eine feuchte Zone gehört erst ins 19. Jh.
LEOPOLD VON BUCH (1829) hat die Tropen als feuchte Zone gekenn-

zeichnet und sie den Subtropen als einem trockenen Übergangsbereich zu den wieder feuchteren, temperierten Klimaten der Mittelbreiten gegenübergestellt.

Das Studium der physischen und biotischen Gegebenheiten unserer Erde zwischen den Wendekreisen läßt aber rasch erkennen, daß innerhalb der Tropen nicht nur warme und feuchte, sondern auch kalte und trockene Regionen liegen. Es gibt dort vergletscherte Gebirge und Räume mit exzessiver Trockenheit. Ostafrikas höchste Gipfel, fast unter dem Äquator gelegen, tragen ewigen Schnee. In den Zentralanden Südamerikas wird eine ganze Gebirgskette wegen ihrer Vergletscherung ,,Cordillera Blanca`` genannt. Die peruanische Küstenwüste beginnt 2° südlich des Äquators, und ebenso schiebt sich ein halb-wüstenhafter Landstrich in Ostafrika von Norden her über den Äquator nach Süden. Auch Sahara und Arabische Wüste liegen zur Hälfte innerhalb der Wendekreise.

Das intensive Relief der Erde und die zufällige Verteilung der Kontinentalschollen in den Weltmeeren verursachen diese Vielfalt der Tropen, wobei im Verein mit der planetarischen Zirkulation der Atmosphäre die thermischen und hygrischen Erscheinungen eine reiche Differenzierung erfahren. Damit werden Physiognomie und Ökologie der Tropenzone zum vielgestaltigen und reich gegliederten Mosaik physischer, biotischer und anthropogener Daseinsformen.

Die ökologische Vielfalt der Tropen spiegelt sich am deutlichsten im Pflanzenkleid wider, das als integrierter Ausdruck von Klima und Boden eine Fülle von Lebensformen darbietet. Ein Schema (Abb. 1) zeigt die wichtigsten Lebensräume der Vegetationstypen in ihrer horizontalen und

Páramo	Feuchte Puna (Gras-Puna)	Trocken-Puna	Dorn-Sukkulenten-Puna	Wüsten- oder Salz-Puna	
Tropischer Höhen- u. Nebelwald u. Höhenbusch	Tropischer Feucht-Sierra-Höhenbusch	Tropischer Trocken-Sierra-Höhenbusch	Tropischer Dorn-Sukkulenten-Sierra-Höhenbusch	Tropische Höhen-Halbwüste	Tropische Höhen-Wüste
				Wüsten-Sierra	
Tropischer Bergwald	Tropische Berg-Feucht-Savannen	Tropisch-montane Trocken-Savannen	Tropisch-montane Dorn-Sukkulenten-Gehölze	Trop.-montane Halb-Wüste	Trop.-montane Wüste
			(Valle-Gehölze)	Wüsten-Valle	
Tropischer immergrüner Tieflands-Regenwald u. halb-immergrüner Übergangswald	Tropischer Feucht-Savannen-Gürtel (Wald u. Grasland)	Trop. Trocken-Savannen-Gürtel (Wald u. Grasland)	Trop. Dorn-Sukkulenten-Savannen-Gürtel (Wald u. Grasland)	Trop. Wüsten-Savanne (Halbwüste)	Trop. Vollwüste

Abb. 1. Klimatische Vegetationszonen und -stufen in den Tropen am Beipiel der Anden (n. LAUER u. TROLL).

vertikalen Anordnung innerhalb der Tropen (am Beispiel der Anden), wie sie vom Großklima geprägt werden. Jede dieser klimatischen Vegetationszonen und -stufen beinhaltet darüber hinaus eine physiognomische und ökologische Vielfalt, die je nach örtlichen, topographischen, geologischen und bodenkundlichen Verhältnissen im Erscheinungsbild von geschlossenen Waldformationen bis zu offenen, stark von Gräsern durchsetzten Pflanzengesellschaften reicht. Erstaunlicherweise sind die Lebensformen innerhalb der einzelnen klimatischen Typen über die Kontinente hinweg jedoch recht einheitlich und zeigen viele Konvergenzen (TROLL 1958). Die Abbildungen (Photo 1–30 im Tafelanhang) geben darüber guten Aufschluß.

Auch die endogen oder exogen bedingte Formenwelt der Tropen ist von typischer Ausprägung. Sie unterscheidet sich in vielen Merkmalen von den Relieftypen anderer irdischer Breiten und ist in sich, je nach Einfluß des Gesteins, mehr noch nach dem klimatischen Geschehen, reich differenziert. Ich verweise hierfür auf die einschlägige geomorphologische Literatur (BÜDEL (1971), HAGEDORN u. POSER (1974), RATHJENS (1971), THORBECKE (1927), WILHELMY (1974).

Nach dem Befund so vieler landschaftlicher Gesichter der Tropen lassen sich folgende Fragen stellen:

1. Gibt es bei dieser Vielfalt der Landschaftstypen noch verbindende Merkmale, die eine inhaltliche Bestimmung des Tropenraumes erlauben?

2. Welcher Art sind diese Merkmale, und wie sehen ihre Grenzbedingungen aus?

Als klimatologische Parameter, die das irdische Klima – so auch in den Tropen – maßgeblich bestimmen, können der Wärme- und Wasserhaushalt angesehen werden. Goethe läßt Mephisto treffend formulieren:

> „Der Luft, dem Wasser wie der Erden
> Entwinden tausend Keime sich
> Im Trocknen, Feuchten, Warmen, Kalten!"

– Die Interferenz dieser klimatologischen Grundkategorien schafft auch die Variationsbreite der tropischen Landschaftstypen. Ihre regelhafte Verzahnung zu ergründen, soll zur Beantwortung der Fragen beitragen.

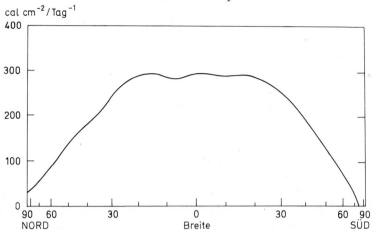

Jährliche Strahlungsbilanz (netto) an der Erdoberfläche
nach LONDON und SASAMORI 1971

Abb. 2. Jährliche Strahlungsbilanz (netto) an der Erdoberfläche (n. LONDON u. SASAMORI 1971).

Die Tropen als thermischer Klimagürtel

Warm-Tropen – Kalt-Tropen

Betrachten wir zunächst die Wärme in Gestalt der gemessenen Lufttemperatur. Vom Äquator ausgehend nimmt die jährliche Mitteltemperatur von Werten um 27 °C in Meereshöhe zunächst noch leicht zu, da die Einstrahlung der Sonne unmittelbar über dem Äquator durch starke Bewölkung teilweise absorbiert und reflektiert wird und erst über den wolkenlosen Zonen unmittelbar im Bereich der Wendekreise ungehindert Zutritt zur Erdoberfläche hat. Das Diagramm (Abb. 2) zeigt die jährliche Strahlungsbilanz an der Erdoberfläche. Ein Strahlungsplateau umgibt die tropischen Breiten. An seiner Grenze, in ca. 25 bis 30° Breite, wird im Jahresdurchschnitt die Strahlungsmenge deutlich geringer, wodurch sich das Strahlungsüberschußgebiet der Tropen von dem Defizitbereich der Außentropen recht deutlich abhebt[2]. Diese Tatsache schlägt sich im Temperaturgang deutlich nieder. Verfolgt man vom Äquator ausgehend den jährlichen Temperaturgang mit zunehmender Breite, so ergeben sich mehrere Modelltypen aus der Mittelung vieler Temperaturgänge (Abb. 3).

[2] Es fehlt nicht an Versuchen, den Strahlungshaushalt in Verbindung mit dem Wasserhaushalt auch zur Klassifikation der irdischen Klimate zu benutzen und nach einem Strahlungsindex die Klimazonen abzugrenzen. BUDYKO benutzt hierzu den Strahlungsindex der Trockenheit Q/E_N, indem er die zur Verdunstung der gefallenen Niederschläge (N) nötige Energie (E) zur Strahlungsbilanz (Q) in Beziehung setzt.

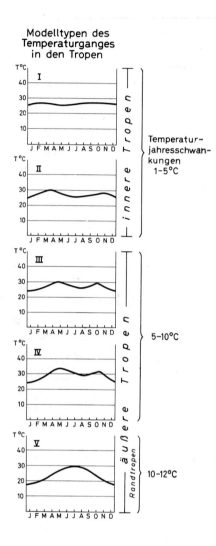

Modelltypen des
Temperaturganges
in den Tropen

Temperatur-
jahresschwan-
kungen
1–5°C

5–10°C

10–12°C

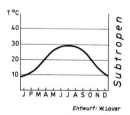

Entwurf: W.Lauer

Im Bereich der inneren, äquatornahen Tropen bleibt die Temperatur ohne merklichen Jahresgang. Die Jahresschwankung beträgt zwischen 0 und 5 °C. Der Typ der äußeren Tropen hat kurz vor und kurz nach der Regenzeit im Frühjahr und Herbst je ein Maximum. Die Gesamtschwankung beträgt zwischen 5 und 12 °C. Unterschiedlich davon ist der Subtropentyp der Temperatur mit Schwankungen über 10 bis 12 °C. Der Jahresgang wird hier von der Regenzeit kaum mehr beeinflußt. Es drücken sich nur die Strahlungsjahreszeiten aus. Lediglich das unterschiedliche Verhalten von Land und Meer gegenüber der Strahlung bewirkt höhere oder niedere Schwankungen. Freilich gibt es zwischen Tropen und Subtropen einen Übergangsraum, in dem randtropische und subtropische Klimabedingungen ineinander verwoben sind, ohne daß durch Analyse des Temperaturganges allein eine klare linienhafte Grenze zu erkennen wäre.

Das gemeinsame Merkmal aller Temperaturkurven für die Tropen ist die geringe Schwankung im Jahresverlauf, es herrscht eine weitgehend ausgeprägte Jahresisothermie. Als äußerste Grenzbedingung kann man eine Schwankung von ca. 10 bis 12°C ansehen (Rand-Tropen).

Abb. 3. Solare Modelltypen des Temperaturgangs in den Tropen.

In der älteren Literatur hat man bei Klimaklassifikationsversuchen relativ willkürlich reduzierte Isothermen, die etwa an den Wendekreisen entlangziehen, als Grenzen der Tropen gewählt. SUPAN (1879) benutzte die Jahresisotherme von 20°. Ebenso verfuhren HANN (1910) und DE MARTONNE (1909). Andere Autoren waren der Meinung, daß auch im kühlsten Monat die 20°-Temperatur erfüllt sein müsse (KÖPPEN 1884, SUPAN 1908, PHILIPPSON 1933). Damit würden allerdings die Tropen sehr stark eingeengt. KÖPPEN entschied sich (1900) für die 18°-Isotherme des kühlsten Monats. Den Verhältnissen in Ostasien Rechnung tragend, haben sich v. WISSMANN (1939) und v. HANDEL-MAZZETTI (1931) sogar für die 13°-Isotherme des kühlsten Monats ausgesprochen.

Mit der Charakterisierung der Tropenzone durch Jahres- und Monatsisothermen ist aber nur ein allgemeiner Anhaltspunkt gewonnen, da Mitteltemperaturen rein statistischer Natur sind und zunächst keinen direkten physikalischen Bezug zu den landschaftlichen Erscheinungen erkennen lassen. Das Studium der wirklichen Gegebenheiten in der Natur, insbesondere des Pflanzenkleides als dem besten Indikator des Wärme- und Wasserhaushalts, machte es möglich, konkrete Anhaltspunkte zu finden, welche thermischen und hygrischen Eigenschaften des Klimas für die Tropen bestimmend sind und welche Grenzbedingungen vorliegen. Wenn wir auch über das Verhalten der Vegetation gegenüber dem Wärme- und Wasseranspruch noch keineswegs genug wissen, so haben Vegetationsstudien im Grenzgebiet zwischen den tropischen und außertropischen Florenreichen und Pflanzenformationen ergeben, daß z. B. eine gewisse Wärmesumme für den Vegetationscharakter und die Mehrzahl der tropischen Florenelemente Grenzbedingungen schafft.

Die Pflanzenwelt der Tiefland-Tropen stellt an die Wärme megatherme Ansprüche, die zwar bei den einzelnen Arten recht unterschiedlich sind, doch dürfen bestimmte Werte nicht unterschritten werden. Der kritische Grenzsaum für Tropenpflanzen im Hinblick auf die thermischen Ansprüche befindet sich im Bereich der Isothermen von 16 bis 18 °C, ohne daß man bisher die spezifische Eigenart jeder Pflanze, die zu diesen Grenzbedingungen führt, hätte ermitteln können. Ein weiteres ausgeprägtes Kriterium stellt der *Frost* dar. Da megatherme Pflanzen, ob hygrophytisch oder xeromorph, jeglichem Frost abhold sind, kann die mittlere absolute Frostgrenze in vielen Gebieten als ein klares Grenzmerkmal für die Tropen gelten. Obwohl die absolute Frostempfindlichkeit der Tropenpflanzen dem Praktiker – etwa dem Kaffeepflanzer – allgemein bekannt ist, wurde der Frost als Kriterium der Tropenvegetation zunächst nicht erkannt. SAPPER (1923, p. 18/19) machte als erster hierauf aufmerksam.

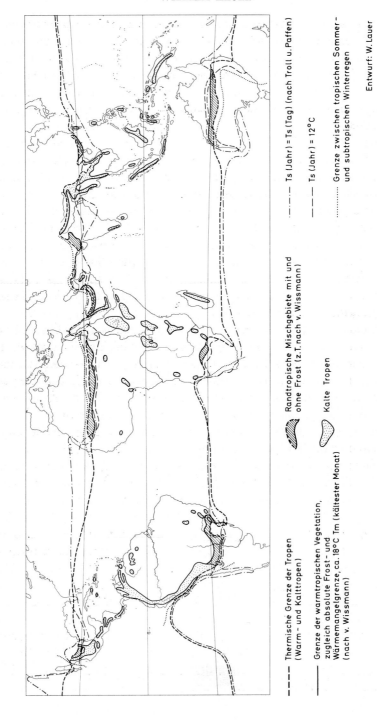

Abb. 4. Tropengrenzen nach verschiedenen Kriterien

Entwurf: W. Lauer

- - - - Thermische Grenze der Tropen (Warm- und Kalttropen)

———— Grenze der warmtropischen Vegetation, zugleich absolute Frost- und Wärmemangelgrenze, ca. 18°C Tm (kältester Monat) (nach v. Wissmann)

Randtropische Mischgebiete mit und ohne Frost (z.T. nach v. Wissmann)

Kalte Tropen

- · - · - Ts (Jahr) = Ts (Tag) (nach Troll u. Paffen)

———— Ts (Jahr) = 12°C

··········· Grenze zwischen tropischen Sommer- und subtropischen Winterregen

Wir verdanken v. WISSMANN (1948, p. 81–92) den ersten systematischen Beitrag. Er hat die absolute Frostgrenze auf der Erde kartieren lassen (SCHÄDEL, 1945) und sie mit der Vegetation in diesem kritischen Raum verglichen. Das Ergebnis war, daß das absolute Auftreten von Frost in kontinentalen Gebieten – ob feucht oder trocken – die warmtropischen Pflanzenformationen begrenzt und zugleich auch das tropische Florenreich zumindest auf der Nordhalbkugel limitiert. Er erkannte weiterhin, daß in ozeanisch beeinflußten Gebieten mit geringen Temperaturschwankungen viele Tropenpflanzen ihre thermischen Minimalbedingungen nicht an der absoluten Frostgrenze, sondern schon vorher erreichen an einer Linie, die etwa durch die 18°-Mitteltemperatur des kältesten Monats charakterisiert wird. Hinter dieser Linie verbirgt sich selbstverständlich ein Geflecht komplizierter Korrelationen von Wärmeansprüchen spezifischer Art, deren Zusammenhänge durch entsprechende Studien noch geklärt werden müssen. Eindeutig ist also die Grenze nur dort, wo die absolute Frostgrenze jedem Wärmeanspruch für megatherme Pflanzen ein Ende setzt. H. v. WISSMANN (1948) hat diese Kriterien zur Abgrenzung der *Warm-Tropen* benutzt (Abb. 4).

Die durch v. WISSMANN definierte Grenzlinie (mittlere absolute Frostgrenze) – meist ist es selbstverständlich ein Grenzgürtel – schließt die megathermen Vegetationsbedingungen nicht nur zu den höheren Breiten hin ab, sondern auch zu den aus dem Tropengürtel aufragenden Gebirgslandschaften. Sie erhebt sich aus den Niederungsgebieten im Bereich der Wendekreise und legt sich wie ein Kalotte um die Äquatorzone.

Das Profil (Abb. 5) zeigt, daß die völlig frostlose Zone am Äquator Höhen um 2800 m (z.B. in der Gegend von Quito (Ecuador) oder auf Neu Guinea) erreicht. In randtropischen Gebieten (z.B. in Mexiko, Süd-Bolivien) liegt die respektive Grenze in ca. 1500 bis 2000 m. Sie sinkt dann sehr rasch zur Meereshöhe ab und bildet hier die Polargrenze der Warm-Tropen[3].

Man muß aber dennoch die Frage stellen, ob sich der Wärmemangel jenseits der polaren Frostgrenze und oberhalb der Höhenfrostgrenze in den Tropen als gleichartig herausstellt, mit anderen Worten, ob man die Höhenzone im Tropengürtel den kühlen Klimazonen der Nord- und Südhalbkugel gleichsetzen darf. C. TROLL hat mehrfach gezeigt, daß

---

[3] Frost kann freilich in den inneren Tropen durch topographische Eigenheiten bedingt (Frostlöcher!) bis in Höhen um 1500 m NN absteigen. Solche örtliche Vorkommen sind aus Kolumbien, Java, Ceylon, Südindien etc. bekannt. Sie bilden ausgesprochen lokale Ausnahmen. Die mittlere absolute „klimatische" Frostgrenze nimmt dagegen den oben bezeichneten Verlauf.

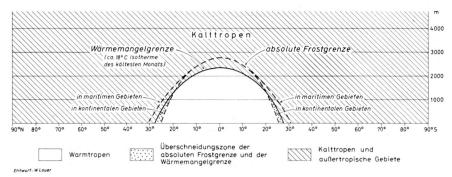

Abb. 5. Grenzmerkmale der Warm-Tropen (schematisch).

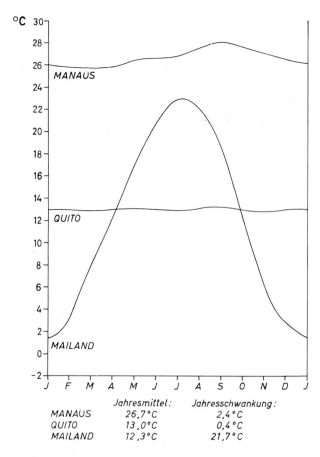

Abb. 6. Jährlicher Temperaturgang an den Stationen Manaus (Warm-Tropen),
Quito (Kalt-Tropen) und Mailand (Mittelbreiten).

dies nicht zulässig ist, sondern die frostgefährdeten Höhengebiete innerhalb der Tropen kühl-tropische Inseln in den Warm-Tropen darstellen.
Eine Analyse der Wärmestruktur tropischer Höhen im Vergleich zu
unseren Breiten läßt die Aussage zu, daß man von kühlen oder von *Kalt-
Tropen* sprechen kann, da tropische Höhen den Warm-Tropen in vielen
klimatologischen Eigenschaften ähnlicher sind als den kühlen Breiten
beider Hemisphären. Das gemeinsame Kriterium heißt: *Isothermie
der Jahreszeiten.* Dieses Merkmal gibt es in außertropischen Breiten
nicht mit Ausnahme hochozeanischer Bereiche im subpolaren und
gemäßigten Klima, besonders der Südmeere, wo die Jahresschwankungen

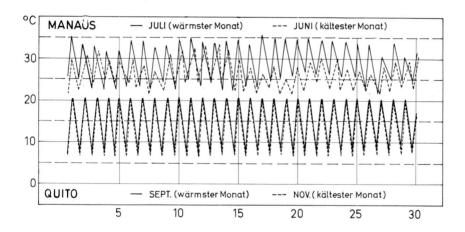

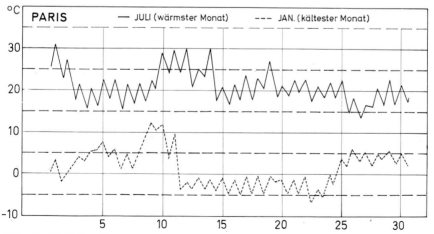

Abb. 7. Täglicher Temperaturgang des wärmsten und kältesten Monats an den
Stationen Manaus (Warm-Tropen), Quito (Kalt-Tropen) und Paris (Mittelbreiten).

der Temperatur auch unter 10°C bleiben, aber dennoch im Gegensatz zu den Tropen die Tagesschwankungen übertreffen.

Der Vergleich zweier Temperaturdiagramme zeigt dies deutlich (Abb. 6). In Quito – in 2660 m Höhe, direkt unter dem Äquator – sind Januar und Juli genau so wie März und September annähernd gleich warm. Die jährliche Temperaturschwankung beträgt nur 0,4 °C. Außertropische Stationen mit gleicher Jahresmitteltemperatur haben dagegen beträchtliche Jahresschwankungen (Beispiel Mailand in Abb. 6). In Abb. 7 wird der tägliche Temperaturgang des wärmsten und kältesten Monats an Stationen der Warm- und Kalt-Tropen (Manaus und Quito) und der Außertropen (Paris) verglichen. Die Verwandtschaft der tropischen Tiefland- und Höhenstation wird ebenso deutlich wie die geringen Zusammenhänge zwischen beiden und der außertropischen Station. C. TROLL (1943) zeigte diese Tatsache anhand der Isoplethendarstellung der Tages- und Jahrestemperatur (Abb. 8a–c). Das völlig divergierende Thermoisoplethenbild tropischer und außertropischer Stationen demonstriert am deutlichsten den eigenständigen Charakter des Kalt-Tropenklimas

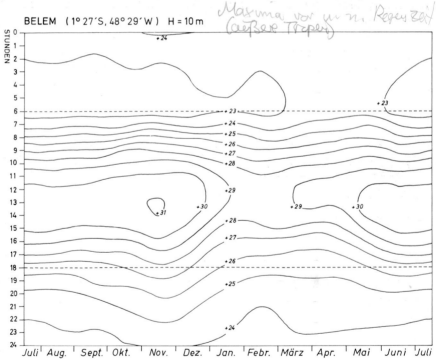

Abb. 8a–c.: Thermoisoplethendiagramme (n. TROLL) von Belém (Warm-Tropen), Quito (Kalt-Tropen) und Berlin (Mittelbreiten)

(Quito) gegenüber dem Temperaturklima der gemäßigten Breiten (Berlin). Die engen Beziehungen der kalt- und warmtropischen Temperaturstruktur werden durch Typengleichheit der Thermoisoplethenbilder von Quito (Kalt-Tropen) und Belém (Warm-Tropen) recht augenscheinlich. Beim Vergleich der täglichen und jährlichen Temperaturschwankungen außerhalb und innerhalb der Tropen stellte C. Troll (1943) darüber hinaus fest, daß in den Tropen die Jahresschwankung der Temperatur immer kleiner ist als die der Tagesschwankung. Außerhalb der Tropen ist dies umgekehrt, von einigen tropennahen maritimen Gebieten abgesehen. Die Grenzlinie, an der die Jahresschwankung gleich der Tagesschwankung ist (T$_S$ (Jahr) = T$_S$ (Tag)), fügt sich zu den anderen Polargrenzen der Tropen hinzu. Sie verläuft ebenfalls im Bereich der Wendekreise und kann als ein weiteres Grenzkriterium angesehen werden.

Die zusammenfassende Feststellung lautet also: Die Höhengebiete zwischen den Wendekreisen sind echte Tropen, da auch ihnen die Temperaturjahreszeiten fehlen. Den Warm-Tropen sind Kalt-Tropen überlagert. Die absolute Frost- und Wärmemangelgrenze limitiert nach obenhin die beiden unteren Höhenstufen der sogenannten „tierra caliente" und „tierra templada" als Warm-Tropen gegen die Kalt-Tropen. Mit

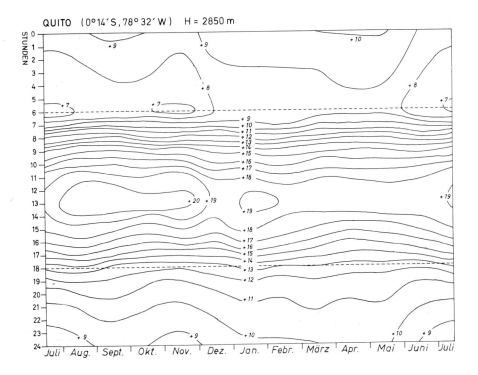

ihnen beginnen weitgehend frostresistente Vegetationsformen der sogenannten „tierra frîa", in der montane Arten vorherrschen und nicht selten
Pflanzensippen aus dem holarktischen oder besonders dem südhemi-
sphärisch-antarktischen Florengebiet zuwandern konnten, die sich diesem
Temperaturrhythmus angepaßt haben.

Als Hauptmerkmal der thermischen Definition der Tropenzone gilt also
die weitgehende Isothermie im Jahrestemperaturgang, die sich auch in die
Kalt-Tropen fortsetzt. Die Temperatur-Jahresschwankung beträgt in
den inneren Tropen ca. 0–5 °C, in den äußeren ca. 5–12 °C (einschließlich
eines randtropischen Übergangsbereiches).

O. Maull hatte 1936 für Amerika innere, äußere und randliche Tropen
unterschieden und dabei Grenzwerte der jährlichen Temperaturschwankung von 0–3,5 °C für die inneren, 3,5–7 °C für die äußeren und 7–10 °C
für die Randtropen ermittelt. Für Asien und Afrika liegen die respektiven
Grenzen aufgrund anders gearteter klimatischer Bedingungen im ganzen
etwas höher (z. B. beträgt die Temperatur-Jahresschwankung von Tim-
buktu 12,5 °C und von Kalkutta 11 °C). Da in dieser Arbeit generelle Aspek-
te im Vordergrund stehen, wird nur von „inneren" und „äußeren"

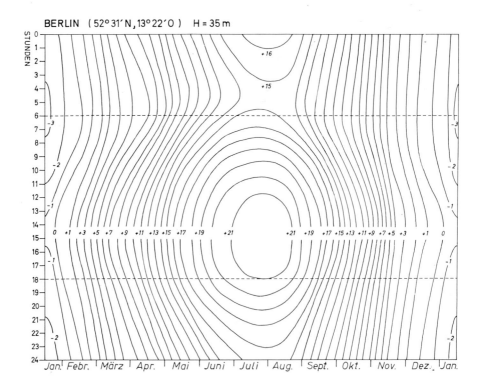

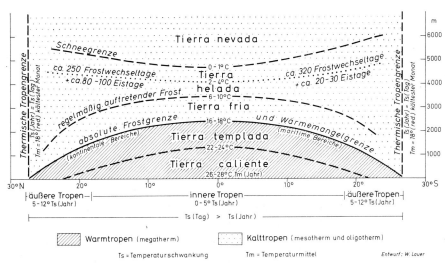

Abb. 9. Horizontale und vertikale Verteilung klimatischer Kriterien zum Inhalt
und zur Abgrenzung der Tropen (schematisch)

Tropen (einschließlich einer randtropischen Übergangszone) gesprochen
und der Temperaturbereich etwas erweitert.

Bei 12° Jahresschwankung wird die Polargrenze der Tropen generell
in allen Kontinenten erreicht. In diesem Bereich beginnt auch die Jahresschwankung allmählich die Tagesschwankung zu übertreffen. Ebenso werden im Warmtropenbereich Frost- und Wärmemangelgrenzen überschrit-
ten. Grenzkriterium ist die Linie, an der die Temperatur-Jahresschwankung der Temperaturtagesschwankung gleich ist (T_S (Jahr) = T_S (Tag)).

Allerdings bestehen zwischen dem Klima der Kalt-Tropen und dem der
hochozeanischen Inselwelt in der Subantarktis verwandte Züge, da
Jahres- und Tagesschwankungen dort ebenfalls sehr niedrig sind und sich
um Temperaturwerte bewegen, die auch manchem tropischen Höhen-
gebiet eigen sind. Dennoch übertrifft dort im allgemeinen die Jahresschwankung noch die Tagesschwankung um ein Geringes. TROLL hat in
mehreren Arbeiten auf die konvergenten Lebensformen der Pflanzen
in beiden Bereichen aufmerksam gemacht[4].

[4] Sie beruhen im wesentlichen auf der hohen Anzahl und gleichmäßigen Verteilung von Frostwechseltagen im Jahresverlauf, die dadurch zustande kommen,
daß bei niedrigem Temperaturniveau das ganze Jahr über die nächtlichen Tem-
peratur-Minima äußerst häufig unter den Gefrierpunkt absinken, wie in den Kalt-
Tropen. Der Strahlungsgang (KESSLER 1973) und die trotz hoher Ozeanität des
Klimas ausgeprägte interdiurne Veränderlichkeit im Temperaturgang schließen
jedoch eine strenge klimatologische Übereinstimmung der Kalt-Tropen mit den
hochozeanischen Subpolarbreiten aus.

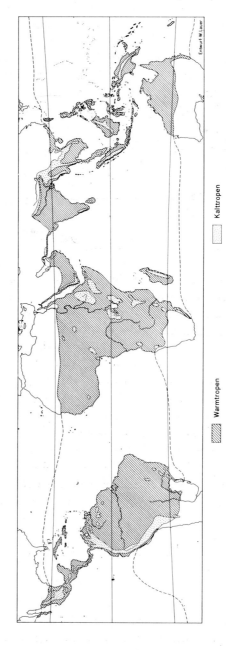

Abb. 10. Verbreitung der Warm- und Kalt-Tropen

Als Polargrenze der Kalt-Tropen bietet sich aber gleichfalls die Wärme-mangelgrenze der Niederungstropen, die auf NN reduzierte Isotherme des kältesten Monats von 18 °C, an. Abb. 9 und 10 zeigen in Profil und Karte die Verbreitung der Tropen nach verschiedenen thermischen Kriterien. Da in den Tropen Temperaturjahreszeiten keine Rolle spielen, sondern nur höhere Tagesschwankungen der Temperatur auftreten, hat TROLL die Tropen als das Gebiet der *Tageszeitenklimate* bezeichnet im Gegensatz zu den *Jahreszeitenklimaten* der außertropischen Breiten.

Die Tropen als hygrischer Klimagürtel
Feucht-Tropen – Trocken-Tropen

Der thermischen Definition der Tropen kann man eine hygrische ge-genüberstellen. Innerhalb des im vorigen Kapitel thermisch definierten Tropenraumes gibt es eine reiche hygrische Differenzierung. Wie das Schema (Abb. 1) und die Bilder (Photo 1–30) zeigen, finden sich hier feuchte und trockene Wälder, feuchte und trockene Savannen, feuchte und trockene Gebirgs- und Hochgebirgsformationen und auch weit aus-gedehnte Wüstengebiete. Sie kennzeichnen die hygrische Vielfalt sehr nachdrücklich. Es wird zugleich damit deutlich, daß die hygrischen Merk-male, die für die Tropen als typisch erachtet werden können, schwerer einzugrenzen sind als die thermischen Kriterien. Das thermische Glie-derungsprinzip ist auch forschungshistorisch das ältere. Bei A. v. HUM-BOLDT, dem „Erfinder" der Isothermen (1817), steht es noch ganz im Vordergrund, wenn er in seinen „Ideen zur Physiognomik der Gewächse" (1806) formuliert: „Wer demnach die Natur mit einem Blick zu umfassen und von Lokalphänomenen zu abstrahieren weiß, der sieht, wie mit Zu-nahme belebender Wärme von den Polen zum Äquator hin sich auch all-mählich organische Kraft- und Lebensfülle mehren". (cit. nach: A. v. HUMBOLDT: Kosmische Naturbetrachtung, Stuttgart 1958, p. 204). Erst die Pflanzengeographen des späten 19. Jh. – besonders GRISEBACH, SCHIMPER und DE CANDOLLE – hoben dann vor allem die Bedeutung des Wasserhaushaltes für die Gliederung der Erde hervor unter dem Eindruck der weit ausgedehnten Trockengebiete und ihrer an den Wassermangel adaptierten Vegetation.

DE CANDOLLE (1874) hatte seinen fünf thermisch definierten Pflanzen-gruppen – den Megistothermen, Megathermen, Mesothermen, Mikrother-men und Hekistothermen – die hygrisch definierte Vegetation der Trockengebiete (Xerothermen) der Rangordnung nach gleichwertig ge-genübergestellt. Basierend auf dieser Einteilung der irdischen Vegetation hatte W. KÖPPEN (1900) seine Klimaklassifikation aufgebaut und fünf thermischen Hauptklimaten der Erde, die er mit den Buchstaben A, C, D, E und F bezeichnete, die Trockenbereiche der xerophytischen Vegetation als B-Klimate gegenübergestellt. Mit der Ausgliederung eines Trockenklimas als einer Hauptklimazone der Erde hatte er sowohl thermische als auch hygrische Prinzipien zur klimatischen Großgliederung der Erde verwandt und vermischt. Seine Klassifikation, die bis heute große Autorität besitzt, hat den Tropenbegriff jedoch in Frage gestellt. Obwohl KÖPPEN keine eigene Tropendefinition gab, identifizierte man die Tropen häufig mit den feuchten A-Klimaten seiner Klassifikation. Diese enden an einer Linie, die KÖPPEN als „Trockengrenze" bezeichnete. Sie ist hygrisch definiert und grenzt die B-Klimate auch gegen die anderen Haupttypen ab. Die Trockenklimate (B-Klimate) innerhalb seiner Klassifikation greifen in alle übrigen, thermisch definierten Klimazonen außer in die feuchttropischen ein. Freilich sind sie weiter untergliedert. Hierbei wurde zwar das Kriterium der 18°-Isotherme des kältesten Monats aufgenommen, doch spielt der Frost als Grenze innerhalb der Trockengebiete in seiner Klassifikation keine Rolle. Und obwohl seine Klassifikation auf Erkenntnissen der Pflanzengeographie beruht, ist auch die wichtige Tatsache, daß in allen Passatwüsten das Regenregime sich von Sommerregen auf Winterregen umstellt, zwar formal beachtet, aber kartographisch nicht zur Geltung gebracht. So sind die tropischen und subtropischen Wüsten (BWh) und Steppen (BSh) zwar abgesetzt gegen die Wüsten und Steppen der gemäßigten Breiten (BWk und BSk), mit dieser Differenzierung verbleiben jedoch der Nord- und Südrand der Sahara (Abb. 11) innerhalb des gleichen Klimagebietes, obwohl sie thermisch wie hygrisch große Gegensätze aufweisen (Südrand: tropischer Sommerregen, kein Frost, – Nordrand: subtropischer Winterregen und regelmäßig auftretender Frost im Winter).

Diesem Tatbestand hat KÖPPEN zwar dadurch Rechnung getragen, daß den Klimaformeln als vierter Buchstabe noch ein w (wintertrocken) oder s (sommertrocken) angehängt werden kann, um das Regenregime zu kennzeichnen. Doch sind diese wichtigen Merkmale zu weit untergeordnet und in der Klassifikation nicht mehr tragender Bestandteil der Kennzeichnung des großräumigen Klimatyps. Die Übersichtskarten nach KÖPPEN lassen diese zusätzliche Bezeichnung meist weg. In der Wandkarte von KÖPPEN-GEIGER (1953) (auch abgedruckt bei BLÜTHGEN: Allgemeine Klimageographie 1966[2]) oder im Kartenanhang zum Lehrbuch von STRAHLER (das im angloamerikanischen Sprachbereich große Verbreitung besitzt) 1973[3], fehlt diese Spezialkennzeichnung, andere geben

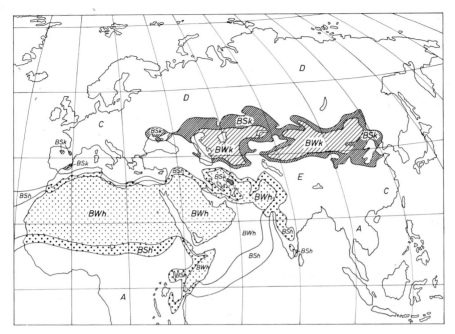

Abb. 11. Die Gliederung der Trockengebiete der Alten Welt nach der Klassifikation von KÖPPEN (Ausschnitt aus der Kartenbeilage zu BLÜTHGEN: Allg. Klimageographie 1964).

sie nur für den Süd- und Nordrand der saharischen Steppenklimate, nicht aber für die Wüste an (Klima-Globus, JENTSCH 1970, oder KÖPPEN selbst 1936).

Die pflanzengeographische Situation belegt aber deutlich, daß sich innerhalb der Sahara der entscheidende Klimawandel zwischen den Tropen und Subtropen vollzieht. Für die Sahara verdanken wir französischen Botanikern wie MONOD (1938), ZOLOTAREVSKY und MURAT (1938) hierzu grundlegende Studien. Der Vegetationswandel zwischen der südlichen und nördlichen Sahara ist bereits in der geographischen Skizze des Nil-Gebietes von GEORG SCHWEINFURTH (1868) erkannt worden. Bedauerlich bleibt daher, daß die bekanntesten Vegetationsübersichtskarten in Atlanten und Lehrbüchern nicht zwischen den tropischen und subtropischen Trockengebieten deutlich differenzieren.

P. FRANKENBERG (1975) hat für die Sahara nach der reichlich vorhandenen floristischen Literatur quantitativ die Zugehörigkeit der Florenelemente zu sieben verschiedenen Arealtypen ermittelt und kartographisch dargestellt. Die absolute Verbreitung jedes einzelnen Elements sowie eine Karte der Arealtypenspektren pro spezifischer Flächeneinheit ergibt, daß z. B. für den Westteil der Sahara die Grenze der Dominanz tropischer Typen einen sehr charakteristischen Verlauf nimmt, die mit thermischen und hygrischen Klimaparametern vorzüglich korreliert (Abb. 12). Seine quantitativen Studien bestätigen die außerordentliche Wirkung der Frostgrenze und des Wärmemangels sowie hygrische Eigenschaften des Klimas (Trockenheitsindex) für den Verlauf der Grenze zwischen tropischen, endemisch-saharischen und außertropischen Florendominanzen[5].

Innerhalb des Trockengürtels auf der Erde muß demnach deutlich zwischen einem tropischen und einem subtropischen Bereich unterschieden werden, da der äquatorwärtige Teil der xeromorphen Vegetation unter megathermen Temperaturbedingungen und zugleich unter tropischem, wenn auch hinsichtlich der Niederschlagsmenge sehr reduziertem Sommerregenregime steht. Der polwärtige Teil der Vegetation zeigt hingegen physiognomische und ökologische Merkmale, die aus dem mediterranen Niederschlagsregime und einer bemerkbaren Frosteinwirkung resultieren. Für die fünf tropisch-subtropischen Trockenräume der Erde (Sahara, Südafrika, Nordwest-Mexiko, peruanisch-chilenische Wüste und Zentral-Australien), denen ebenfalls ein Übergang vom tropischen Sommerregen zum mediterranen Winterregen-Regime eignet, gilt dies in gleicher Weise.

Den feuchten Tropen kann man *trockene Tropen* gegenüberstellen. Die trockenen Tropen reichen in Richtung auf die Subtropen bis an die gleiche Linie, die bereits als thermische Tropengrenze definiert wurde. Zu den feuchten Tropen lassen sie sich durch die sogenannte Trockengrenze abgrenzen, die sich mit A. Penck (1910) als Wassermangelgrenze kennzeichnen läßt. Es ist der mehr oder weniger linienhaft ausgeprägte Grenzbereich, in dem sich das Niederschlagsangebot (N) und die Verdunstung (V) – gemeint ist die potentielle Verdunstung – die Waage halten (N = V). Im humiden Bereich überwiegt der Niederschlag (N > V), im ariden Bereich die Verdunstung (N < V). Die Pencksche Trockengrenze entspricht weitgehend der Grenze zwischen A- und B-Klimaten nach Köppen. In einer Karte (Abb. 13) wurde die Verbreitung der feuchten und trockenen Tropen niedergelegt. In ihr ist die Trockengrenze identisch mit der Isohygromene 7 (n. Lauer 1952). Die Grenze Tropen-Außertropen entspricht

[5] So steht z. B. die Tropengrenze als Nordgrenze der Dominanz tropischer Florenelemente in signifikantem Zusammenhang mit folgenden Klimaparametern: 1. Absolute Frostgrenze, 2. 9,5° mittlere Minimumtemperatur des kältesten Monats, 3. 18° Mitteltemperatur des kältesten Monats, 4. 24,5° Jahresmitteltemperatur, 5. Ariditätsindex 25 (n. Reichel), 6. Sommer–Winterregengrenze.

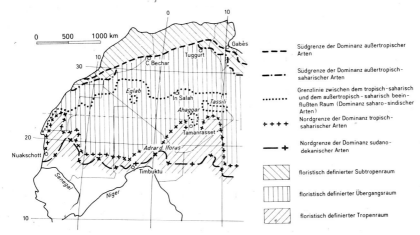

Abb. 12. Die Verteilung tropischer, außertropischer und saharischer Florenelemente in der West-Sahara (n. FRANKENBERG).

der oben gegebenen thermischen Tropendefinition. Zum Vergleich sei hier auf die Karten der Abgrenzung der feuchten Tropen von FOSBERG, GARNIER und KÜCHLER (1961) und von BULTOT (1964) hingewiesen.

Der hygrischen Untergliederung der Tropen liegt die regelhafte Veränderung des Regenregimes von den Bereichen um den Äquator zu den Wendekreisen hin zugrunde. Fünf Diagramme zeigen dies modellhaft (Abb. 14). Im Regelfall wird die Regenzeit vom Äquator zu den Randtropen immer kürzer, die Niederschlagsmengen verringern sich zugleich[6]. Dieser klimatischen Eigentümlichkeit entsprechend ändert sich die Vegetation von hygrophytischem über mesophytischen zu xerophytischem Charakter. Eine Analyse der Regenmengen und des Jahresganges des Niederschlags führte zu der Erkenntnis, daß sowohl Regenmenge als auch die Dauer der Regenzeit für die Ausbildung der Vegetation von größter Bedeutung sind. Dabei stellte sich heraus, daß in überfeuchten und feuchten Gebieten für den Typ der Vegetaion der Regenmenge weniger Bedeutung zukommt als der Dauer der humiden (bzw. ariden) Zeit, wohingegen in den mehr trockeneren Gebieten die Regenmenge für den Typ der Vegetation von größerer Wichtigkeit ist. Allerdings gilt dies insbesondere für die Strauch-Halbwüste und -Wüste, die von Jahr zu Jahr wechselnde Niederschläge besser verkraften als die Sukkulenten-Halbwüsten, die alljährlich auf die regelmäßig auftretende

[6] Ausnahmen von der Regel sind allerdings dort reichlich, wo Monsun und Passat aus Gründen eines ausgeprägten Reliefs eigene Regeneffekte verursachen.

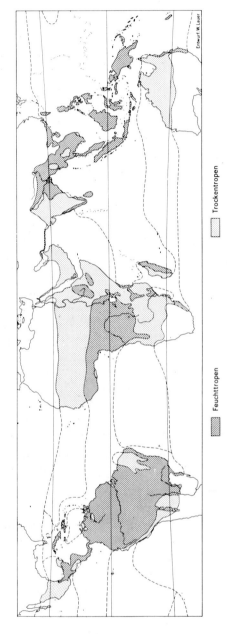

Abb. 13. Verbreitung der Feucht- und Trocken-Tropen.

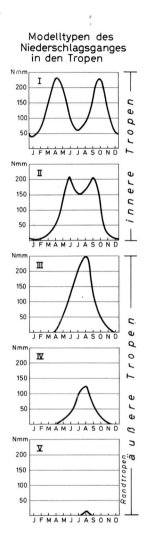

Modelltypen des
Niederschlagsganges
in den Tropen

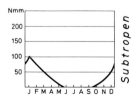

Abb. 14. Solare Modelltypen des Niederschlagsganges in den Tropen.

Regenzeit, weniger aber auf gleichhohe Mengen angewiesen sind (ELLENBERG 1959, pp. 173–175). Andererseits kann eine nur kurze Dürrezeit einer hygro- bis mesomorphen Vegetation erheblich mehr schaden als eine Überkompensation an Wasser in der feuchten Zeit (WALTER 1962, p. 136).

Für Afrika und Südamerika erwies sich die *Dauer des humiden bzw. ariden Klimazustandes* im Verlauf des Jahres als Index für die Anordnung der klimatischen Vegetationszonen als sehr beziehungsreich (LAUER 1952). Die beigegebene Vegetationskarte für Afrika (Abb. 15), in der zugleich die Isohygromenen (Linien gleicher Zahl humider bzw. arider Monate) eingetragen sind, zeigt die gute Übereinstimmung. Humidität bzw. Aridität eines Monats wurde dabei auf der Basis eines Trockenheitsindex' ermittelt. Da sich die Trockenheitsindizes im allgemeinen als physikalisch zu ungenau erwiesen haben, sucht man in der jüngsten Zeit auf der Basis der genaueren Kenntnis des Wasserhaushaltes die Aussagen zu verbessern. In der Wasserhaushaltsbilanz des Festlandes

$$N = V + A$$

(N=Niederschlag, V=Verdunstung, A=Abfluss)

erweist sich als schwierigste Größe zweifellos die rechnerische Abschätzung und Messung der Verdunstung von Vegetationsflächen (Evapotranspiration), da eine Reihe physikalischer Parameter beim Verdunstungsvorgang eine Rolle spielt, die noch immer nicht mit voller Zufriedenheit erfaßt ist (vgl. THORNTHWAITE 1957; PENMAN 1948). Das ändert aber nichts an der Tatsache, daß die hygrische

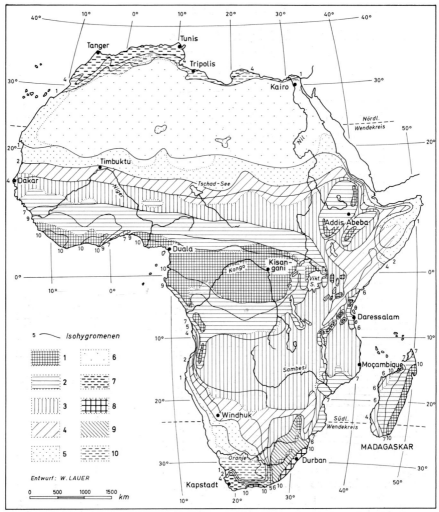

Abb. 15. Die Zahl der humiden bzw. ariden Monate und die klimatischen Vegetationsgürtel in Afrika (Isohygromenen = Linien gleicher Anzahl humider Monate).
Zeichenerklärung: 1 = Tropischer Regen-Berg- und Höhenwald
                   2 = Feuchtsavanne bzw. regengrüner Feuchtwald (Monsun-
                       waldtyp)
                   3 = Trockensavanne bzw. regengrüner Trockenwald (Miombo-
                       waldtyp)
                   4 = Dornsavanne bzw. regengrüner Dorn- und Sukkulenten-
                       wald
                   5 = Halbwüste bzw. Wüstensteppe (Halbstrauch- und Sukku-
                       lentensteppe)
                   6 = Wüste (tropisch u. subtropisch)
                   7 = Mediterrane und kapländische Hartlaubgehölze
                   8 = Subtropischer Küstenbusch und temperierter Bergwald
                   9 = Außertropisches Grasland (Middel- und Hoogeveld)
                  10 = Außertropische Dorn- und Wüstensteppe (Karru)

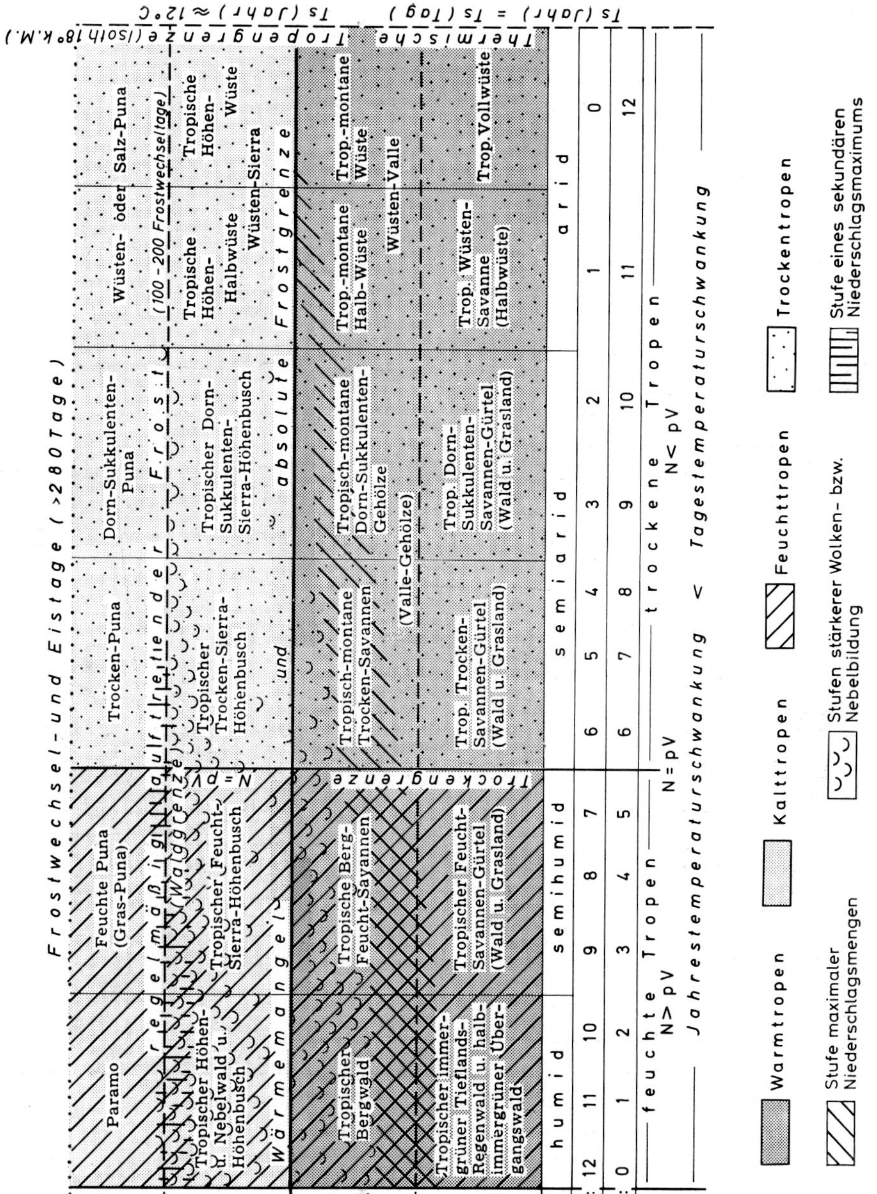

Abb. 16. Schema einer dreidimensionalen ombrothermischen Gliederung der tropischen Vegetationsgürtel und -stufen

Zonierung der Tropen, soweit man sie auch durch verbesserte klimatische Parameter verfeinern mag, sehr enge Beziehungen zur horizontalen Anordnung der Vegetationsgürtel besitzt.

Auch die vertikale Höhenstufung der Tropen besitzt hygrische Vielfalt. Die maximale Niederschalgsstufe kann je nach Zirkulationsregime zwischen der Meereshöhe und ca. 2500 m NN liegen. Der vorwiegend konvektive Typ des Wettergeschehens in den feuchten Tropen verursacht eine maximale Stufe schon im Höhenintervall zwischen 600 und 1400 m NN (Weischet 1965, 1969; Lauer 1973). Innerhalb der innertropischen Westwind-Strömung (z. B. an der Südwest-Seite des Kamerunberges), wo der SW-Monsun großen Einfluß auf das Regenregime besitzt, liegt sie schon in der Fußstufe des Gebirges. Je trockener diese ist, um so höher wandert die Stufe maximaler Niederschläge. Sie steigt z. B. in Äthiopien auf 1800 bis 2500 m NN, im Hoggar-Gebirge auf 2300 bis 2600 m NN an. Oberhalb dieser Maximalstufe nehmen die Niederschläge rasch ab. Tropische Hochgebirge sind häufig Hochgebirgswüsten. Aufliegende Wolken in unterschiedlichen Höhen (meistens ab 1500 bis 1800 m) verursachen überdies hohe Luftfeuchtigkeit, die sehr wirksam das physiognomisch-ökologische Bild der Vegetation mitgestaltet (cloud-forest). In den feuchten Tropen sind nicht selten zwei Nebelniveaus ausgebildet, von denen das obere (zwischen 2500 und 3300 m) die charakteristischsten Nebelformen der Vegetation an der oberen Waldgrenze bewirkt (ceja de la montaña, Nebelwald). Hier ist zugleich oft ein zweites, viel schwächeres Regenmaximum in der vertikalen Stufung der Landschaftstypen ausgebildet (Lauer 1973). Ein Schema (Abb. 16) erläutert das Ineinandergreifen der hygrischen und thermischen Komponenten im Tropenraum in horizontaler und vertikaler Anordnung. In der Karte (Abb. 17, im Anhang) wird versucht, ein räumliches Bild der thermischen und hygrischen Interferenz innerhalb der Tropen zu vermitteln.

Wertet man die klimatischen Parameter Temperatur und Niederschlag nach Rangordnung, so ist die Tropenzone zunächst thermisch definiert. Das Tageszeitenklima – die Jahresisothermie – ist das übergreifende Kriterium, das allgemein gilt. Die Warm-Tropen-Stufe endet mit dem Auftreten von Frost und bei bestimmtem Wärmemangel (ca. 18 °C).

Hygrisch sind die Tropen reich gegliedert. Sie geben bei aller thermischen Uniformität den Tropen eine große Vielfalt. Hygrische Jahreszeiten ersetzen die thermischen. Wie in den Mittelbreiten Sommer und Winter, so bestimmen in den Tropen Regen- und Trockenzeiten unterschiedlicher Länge und Intensität den Rhythmus des Lebens von Pflanze und Tier und greifen ein in das ökologische Gefüge der Natur, ja selbst in das ökonomisch-soziale Gefüge des Menschen.

Die Tropen als witterungsklimatischer Gürtel

Lassen sich aus dem Wärme- und Wasserhaushalt der Tropen, insbesondere aus der vergleichenden Betrachtung mit der Vegetation – als dem besten Spiegelbild der klimatischen Gegebenheiten –, recht gut physische Wesensmerkmale finden, die auch kartographisch dargestellt werden können, so fällt es schwerer zu erklären, welche *witterungsklimatischen* Merkmale die Tropen auszeichnen und wie deren Grenzbedingungen definiert werden können: denn letztlich lassen sich die Ursachen für die charakteristische Temperatur- und Niederschlagsverteilung in den Tropen nur im Witterungsgeschehen suchen und finden. Witterungsklimatische Erscheinungen können aber nur vom Strahlungshaushalt abgeleitet werden, der im Verein mit der einleitend genannten Stellung unseres Gestirns im Sonnensystem eine bestimmte atmosphärische Zirkulation hervorruft. Diese wird ihrerseits durch geographische Faktoren – wie Relief, zufällige Verteilung der Kontinente und Weltmeere u.a.m. – beeinflußt. Es gibt bisher aus Mangel an Datenmaterial – insbesondere der hohen Troposphäre – noch keine befriedigende Erklärung für viele klimatologische Phänomene auf der Erdoberfläche und keine geschlossene kartographische Darstellung einer Klassifikation der Tropen nach Merkmalen der atmosphärischen Zirkulation (vgl. FLOHN 1957). Einen ersten zusammenfassenden Überblick zur tropischen Meteorologie hat H. RIEHL (1954) gegeben. Es war der Versuch, das Eigenständige des tropischen Klimas herauszuarbeiten und die Erkenntnis zu vermitteln, daß auch in den Tropen Witterungsgeschehen stattfindet entgegen der bis dahin vorherrschenden Meinung vom ewigen Gleichklang tropischen Wetters und Klimas, die in dem Satz gipfelt, Wetter und Klima seien in den Tropen identisch. Seither hat es viele Untersuchungen zur tropischen Meteorologie gegeben (vgl. FLOHN 1971 und die dort zitierte Literatur).

Nach der derzeitigen allgemeinen Vorstellung läßt sich die atmosphärische Zirkulation der Erde in drei Kreisläufe aufgliedern, die nicht zuletzt durch weniger erkennbare, aber sehr wirksame Vertikalbewegungen innerhalb der Troposphäre charakterisiert sind (Abb. 18):

1. Der Passatkreislauf innerhalb der tropischen Ostwindkalotte (Hadley-Zirkuation).
2. Der Westwindgürtel über den mittleren Breiten. (Ferrel-Zirkulation).
3. Die polare Ostwindzone.

Man kann die Tropen witterungsklimatisch als das Gebiet bezeichnen, das das ganze Jahr über innerhalb der Passatzirkulation liegt, also stets von der tropischen Ostwindkalotte überdeckt bleibt (Abb. 19).

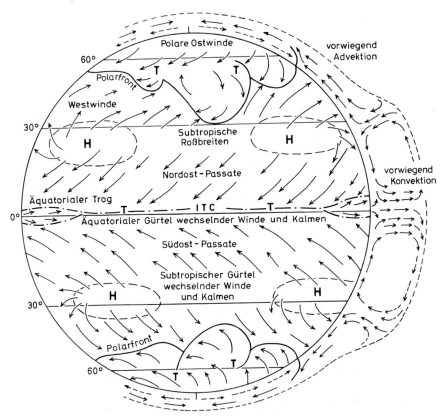

Abb. 18. Schema der atmosphärischen Zirkulation (verändert n. STRAHLER).

Durch den Sonnengang verschiebt sich jahreszeitlich die tropische Ostwindkalotte leicht nach Nord und Süd. Der Raum am Rand der Tropen, der halbjährlich unter den Einfluß außertropischer Zirkulation gerät, gehört bereits zu den Subtropen. Die witterungsklimatischen Tropen wären also in einem Bereich zu suchen, der im langjährigen Mittel nicht aus der Passatregion hinausgerät. Das trifft aber nur für sehr wenige Gebiete und nicht für alle Jahreszeiten zu, da selbst die inneren Tropen von außertropischen Witterungserscheinungen häufiger betroffen werden. Die Forderung einer witterungsklimatologischen Abgrenzung der Tropen bleibt solange theoretisch, wie wir nicht in der Lage sind, die Fülle der Einzelwetterlagen, aus denen sich das langjährige Zirkulationsbild zusammensetzt, nach Auftrittshäufigkeiten oder wenigstens allgemeinen Mittelwerten zu erfassen und auf einer Karte konkret festzuhalten.

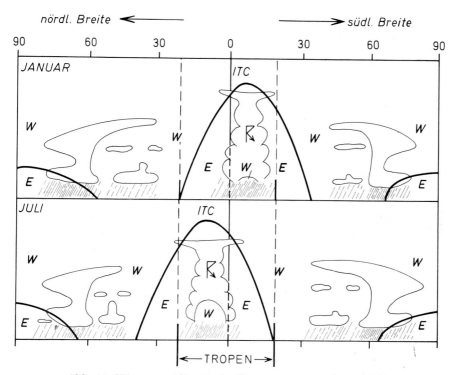

Abb. 19. Witterungsklimatische Tropengrenzen (schematisch).

In jüngster Zeit hat sich aufgrund der täglichen Messungen auch im Bereich der höheren Troposphäre die Datenlage so verbessert, daß sich für viele Tropengebiete tägliche Wetterkarten verschiedener Millibarniveaus zeichnen lassen. Tägliche Aufnahmen von Satelliten tragen weiterhin dazu bei, das Witterungsgeschehen genauer zu beurteilen. Sie vermitteln Augenblicksbilder der Wolkenverteilung, deren Analyse im Verein mit dem Datenmaterial die Lokalisierung von großräumigen Witterungserscheinungen in bestimmten Erdregionen über längere Zeiträume sowohl im Mittel als auch nach der Häufigkeit ihres Auftretens zulassen.

Es soll zum Schluß noch von Untersuchungen über den witterungsklimatischen Charakter des Tropenrandes im Bereich des amerikanischen Kontinents berichtet werden.

Das Studium der täglichen Wetterkarten zusammen mit der Auswertung von Satellitenbildern führt zu der Feststellung, daß die mittlere Lage der Polargrenze der tropischen Ostwindzirkulation das Produkt einer sehr charakteristischen Aufeinanderfolge von Einzelwetterlagen darstellt. In die tropische Ostwindzirkulation dringen sehr häufig Wit-

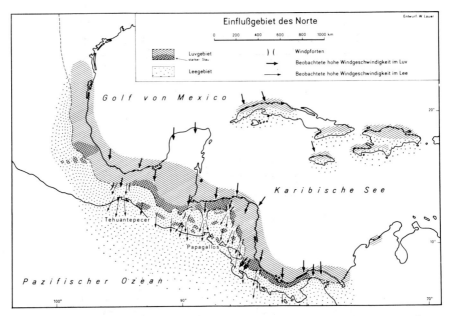

Abb. 20. Der Wirkungsbereich der Kaltlufteinbrüche im Bereich Mittelamerikas.

terungselemente der Außertropen ein. Vor allem die quasi-stationären
Höhentröge (z. B. im mexikanischen Golf und an der Südostküste von
Brasilien) zwischen den Hochdruckzellen beeinflussen das Wetterge-
schehen in den Randtropen in bemerkenswerter Weise. Sie steuern häufig
Kaltluft in Richtung auf die äquatorialen Tropenbereiche. Am Beispiel
Zentralamerikas kann diese Tatsache leicht belegt werden.

Die Kaltlufteinbrüche der sogenannten "Northers" oder "Nortes" in
den Monaten November bis März (Abb. 20) erreichen beispielsweise im
karibischen Raum die Nordküste Südamerikas und verursachen kräfti-
gen Temperaturfall. Ebenso dringt auch Kaltluft aus der Subantarktis
bis ins Amazonasbecken vor mit gut markierten Temperaturstürzen.

Eine Häufigkeitsanalyse der Wetterlagen, die von D. Klaus (1971) für
das mittlere Mexiko anhand von Wetterkarten und Satellitenbildern er-
arbeitet wurde, läßt bei 12 klassifizierten Hauptwetterlagen im 500 mb-
Niveau zwei Stromliniengruppen erkennen (Abb. 21):

1. Stromlinien, die Witterungssituationen im Zusammenhang mit dem
   tropischen Ostwindregime anzeigen (W-Wetterlagen) (Abb. 21 I a–d).
2. Stromlinien, die vorwiegend Witterungssituationen hervorrufen, die
   aus dem außertropischen Westwindregime gesteuert werden (P-
   Wetterlagen) (Abb. 21 II a–d).

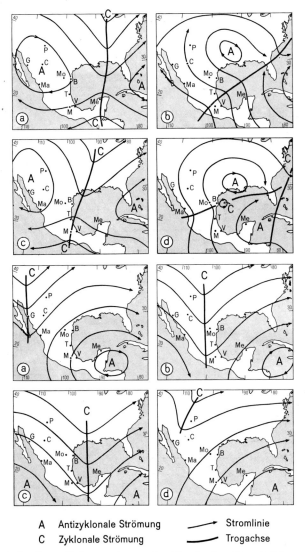

A   Antizyklonale Strömung   Stromlinie

C   Zyklonale Strömung   Trogachse

Abb. 21. Typische Stromlinienstrukturen für Mexiko im 500-mb-Niveau (n. KLAUS).

I a) Wellenstörung in der tropischen Ostströmung. Die Meseta liegt im Bereich der divergenten Trogvorderseite dieser Störung (Typ W 1).

    b) Die zonal orientierte Trogachse einer Wellenstörung in der tropischen Ostströmung überlagert die Meseta (Typ W 3).

    c) Die meridional orientierte Trogachse einer Wellenstörung in der tropischen Ostströmung überlagert die Meseta (Typ W 4/1).

    d) Die zentrale Meseta liegt im Bereich der Trogrückseite einer zonal orientierten Wellenstörung in der tropischen Ostströmung (Typ W 4/2).

II a) Antizyklonale Südwestströmung (Typ P 1/1).

    b) Polarer Höhentrog überlagert die mexikanische Meseta (Typ P 1).

    c) Die Rückseite eines polaren Höhentroges überlagert die mexikanische Meseta (Typ P 1/2).

    d) Antizyklonale Südwest- oder Südströmung (Typ H 3).

Die Auszählung der Auftrittshäufigkeit gibt ein sehr charakteristisches Bild (Abb. 22). Das Westwindregime beeinflußt in der 500 mb-Fläche, z.T. auch am Boden, im mittleren Mexiko von Oktober bis April das Wettergeschehen. Das tropische Ostwindregime herrscht von Mai bis September. April/Mai sowie September/Oktober stellen Übergangsjahreszeiten dar, in denen Ost- und Westwetterlagen häufiger ineinandergreifen.

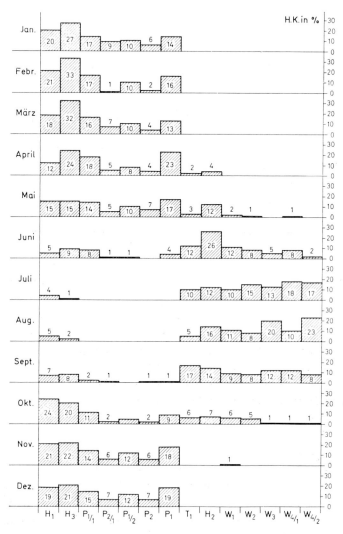

Abb. 22. Häufigkeit des Auftretens bestimmter Wetterlagen im östlichen mexikanischen Bergland (n. Klaus).

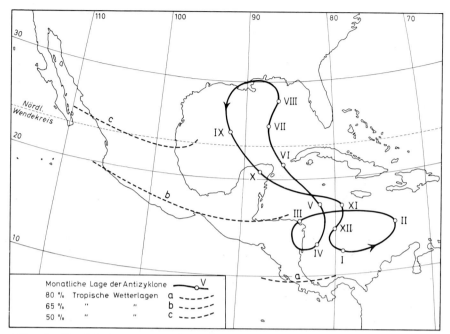

Abb. 23. Häufigkeit des Auftretens tropischer Wetterlagen und Wanderung des Zentrums hohen Drucks im Verlauf des Jahres 1968/69 in Mittelamerika.

Die winterlichen Wetterlagen werden durch P-Typen geprägt, wobei sich hinter den Wetterlagen P_1 und P_2 die besonders wetterwirksamen "Nortes" verbergen. Alle W-Wetterlagen während des Sommers gehören dem tropischen Zirkulationstyp an und verursachen – je nach Typ – die sommerliche Regenzeit unter besonderer Wetterwirksamkeit der "easterly waves". Entscheidend für die meisten Witterungstypen ist die Lage des Hochdruckgebietes östlich der Landbrücke (Abb. 23).

Bezieht man die Wetterlagenanalyse auf ganz Mittelamerika, so läßt sich eine Stufenskala der Häufigkeit des Auftretens tropischer oder außertropischer Zirkulationsregime ermitteln. Die Linie, diesseits derer mehr als 80% tropische Wetterlagen auftreten, verläuft durch das südliche Costa Rica. Sie begrenzt die inneren Tropen. Die Linie mit 50% Auftrittshäufigkeit zieht etwa am Wendekreis entlang (Abb. 23). Dies heißt aber, daß das zentralmexikanische Hochland auch witterungsklimatisch noch zu den randlichen Tropen zu rechnen wäre. Mit dieser Gleichgewichtslinie der Auftrittshäufigkeit lassen sich die Tropen in Mexiko gegen die außertropischen Räume durch ein dynamisches Kriterium abgrenzen. Die Linie verläuft innerhalb des Grenzgürtels, der auch auf der Grundlage

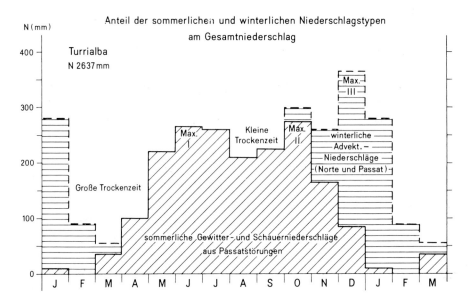

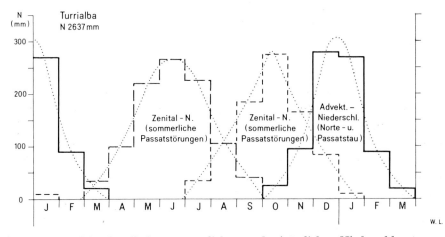

Abb. 24a und b: Anteil der sommerlichen und winterlichen Niederschlagstypen am Gesamtniederschlag in Turrialba (Costa Rica). Die beiden sommerlichen Maxima resultieren aus Gewitter- und Schauertätigkeit (Abb. 24b). An den winterlichen Niederschlägen sind außertropische Kaltfronten in hohem Maße beteiligt.

von Temperatur und Niederschlag ermittelt und nach Vegetationsbedingungen empirisch erfaßt wurde.

Auch aus der Zuordnung der Niederschläge zu tropischen und außertropischen Wetterlagen ergibt sich ein beziehungsreiches Bild. Das Niederschlagsdiagramm von Turrialba (Costa Rica) (Abb. 24a + b), stellvertretend für die witterungsklimatisch einheitliche Ostseite der mittelamerikanischen Landbrücke, zeigt zwei Gipfel von schauerartigen Gewitterregen im Sommer, die aus tropischen "easterly waves" und Zenitalregen resultieren. Ein dritter Gipfel im Spätherbst wird verursacht durch Niederschläge im Gefolge der Kaltlufteinbrüche der Nortes, zu denen möglicherweise ein geringer Anteil von passatischen Steigungsniederschlägen gehört, der nicht eindeutig davon abgegliedert werden kann. Da bislang keine genauen Witterungsanalysen für die regenbürtigen Wetterlagen in Turrialba vorliegen, kann der Anteil außertropischen Einflusses auf das Regenregime dort nur allgemein abgeschätzt werden. Unter der Annahme, daß die einzelnen Regentypenanteile etwa ,,normal verteilt" auftreten (s. gestrichelte Linien in Abb. 24b), kann man feststellen, daß von den 2637 mm, die im langjährigen Mittel in Turrialba fallen, ca. 750 mm dem Konto von Norte-Wetterlagen bzw. Passatsteigungsregen anzurechnen sind (ca. 35%).

Die Nortes sind also recht regenergiebig. Nortewetterlagen treten im langjährigen Mittel jedoch nur an 30 Tagen auf. Ihre Auftrittshäufigkeit beträgt also im Bezug auf das Gesamtjahr nur ca. 8–9%, wobei allerdings über die Niederschlagstage, die den Nortewetterlagen zugeordnet werden können, nichts Genaueres ausgesagt werden kann.

Auf der Westseite der mittelamerikanischen Landbrücke zwischen Panama und Mexiko fehlen Niederschläge aus Wetterlagen, die durch das außertropische Westwindregime gesteuert werden, fast vollständig. Die winterliche Trockenzeit ist annähernd exzessiv. Dies ist nicht zuletzt auch eine Folge der Norte-Wetterlagen, die auf der karibischen Seite Regen bringen, auf der pazifischen Abdachung einen Föhneffekt verursachen, bei dem zum Teil sehr hohe Windgeschwindigkeiten auftreten und die Luftfeuchtigkeit stark herabgesetzt wird. Diese Phänomene sind so auffällig, daß eigene Namen für die sehr wirksamen Winde an der pazifischen Küste geprägt worden sind, z.B. "Tehuantepecers" und "Papagallos" (s. Abb. 20).

Die während des Sommers (April bis Oktober) fallenden Niederschläge entstammen dem tropischen Ostwindregime. Sie sind an Passatstörungen (easterly waves) gebunden und treten vorwiegend als Zenitalniederschläge auf. Im Juni, September und Oktober kommt es gelegentlich

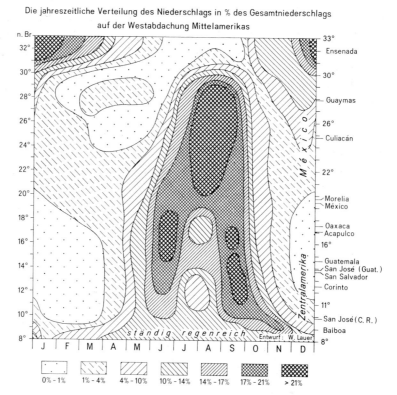

Abb. 25. Die jahreszeitliche Verteilung des Niederschlags in % des Gesamtniederschlags auf der Westabdachung Mittelamerikas.

für wenige Tage zu monsunartigen, heftigen Dauerregen von zwei bis
vier Tagen (sog. temporales), die immer dann auftreten, wenn die Inner-
tropische Konvergenzzone (ITC) kurzfristig nach Norden ausbuchtet und
dem innertropischen Südwestwind einen Übertritt auf die mittelamerika-
nische Landbrücke erlaubt. Nicht selten steht dieses Phänomen im
Zusammenhang mit tropischen Zyklonen, die zu gleicher Zeit im Golf von
Mexiko wirksam werden.

Die jahreszeitliche Verteilung der Niederschläge in einem Profilschnitt
entlang der mittelamerikanischen Westabdachung zwischen Panama und
dem Golf von Niederkalifornien ergibt daher ein charakteristisches Bild
(Abb. 25). Die tropischen Sommerniederschläge reichen unter kontinuier-
licher Verkürzung der Regenzeit und steter Verminderung der Regenmengen bis weit ins nördliche Mexiko. Sie verzahnen sich dort mit den
Winterniederschlägen der Subtropen, die gleichfalls mit sehr niedrigen

Mengen im Süden beginnen und erst jenseits der mexikanischen Grenze zu voller ökologischer Wirksamkeit gelangen. Innerhalb einer breiten Trockenzone von steppen- und wüstenhaftem Aussehen vollzieht sich der Übergang des Tropenregimes zum außertropischen. Wie in der Alten Welt wird auch hier vom Regenregime und dessen witterungsdynamischen Hintergründen her die Übergangszone zwischen Tropen und Subtropen deutlich.

Das Ineinandergreifen tropischen und außertropischen Wettergeschehens läßt sich auch an der *südhemisphärischen* Tropengrenze Südamerikas aufzeigen. A. Breuer (1974) hat die klimageographischen Aussagemöglichkeiten der Bewölkungsverhältnisse anhand von Wettersatellitenbildern untersucht. Er konnte durch statistische Wolkenanalysen

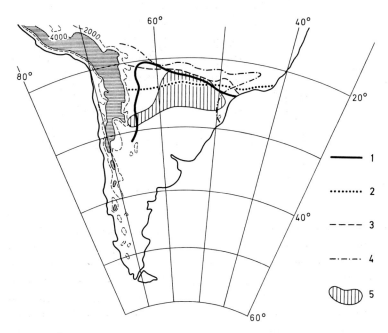

Abb. 26. Der Übergangsraum zwischen Tropen und Außertropen in Südamerika östlich der Anden nach verschiedenen Kriterien aus: Breuer 1974.

1 = Gleichgewichtslinie cumuliformer/stratiformer Bewölkung n. Breuer 1974.
2 = Gleichgewichtslinie zwischen Tages-/Jahresschwankung der Temperatur n. Troll 1943.
3 = Tropengrenze n. Maull 1936.
4 = absolute Frostgrenze n. von Wissmann 1966.
5 = niederschlagsgenetisches Übergangsgebiet zwischen tropisch-konvektivem und außertropisch-advektivem Niederschlag.

deutlich machen, daß sich die Tropen und Außertropen in den südameri-
kanischen Tief- und Bergländern östlich der Anden anhand signifikanter
Verteilungen „cumuliformer" und „stratiformer" Bewölkung unterscheiden lassen, und diese dem tropisch konvektiven, jene dem außer-
tropisch advektiven Regentyp zugeordnet werden können. Der kritische
Übergangsbereich markiert eine witterungsdynamische Tropen-Ek-
tropengrenze, die mit dem nach effektiven Merkmalen (z. B. Temperatur-
schwellenwerten) gekennzeichneten Grenzsaum zwischen beiden Klimazonen weitgehend deckungsgleich ist (Abb. 26). Lediglich Kaltluftvor-
stöße, die an der Ostflanke der pazifischen Hochdruckzelle an der Ostseite
der Anden meridional entlangführen und in ihren speziellen Bahnen durch
die Lage des quasi-stationären Trogs über dem SW-Atlantik gesteuert
werden, manifestieren sich im Satellitenbild durch stratiforme Wolken-
felder, die bis zum Amazonas-Tiefland zu verfolgen sind. Sie werden dort
noch als "friagem" (Temperaturstürze) registriert.

Im ganzen ist bisher die witterungsdynamische Interpretation der
Tropenzone ungleich schwieriger als eine Abgrenzung durch „mittlere
Zustände" irgendeines effektiven Merkmals. Die dynamische Betrachtung kennzeichnet jede Grenze als einen räumlichen wie zeitlichen Bereich
fließender Übergänge, der im wesentlichen durch Häufigkeitsschwellen-
werte abgegrenzt werden kann. Darüber hinaus fehlen uns noch viele
Studien, die uns die Tropen, ihre Wesensmerkmale und Grenzphänomene
als witterungsdynamische Zone voll verständlich machen. Hierzu konnten nur sich abzeichnende Hinweise aus eigenen Forschungen und Schü-
lerarbeiten gegeben werden. Freilich hat es nicht an Versuchen gefehlt,
eine witterungsdynamische Zonierung der ganzen Erde unter Einbe-
ziehung der Tropen auch kartographisch darzustellen. Ich verweise hier
auf die Versuche von Klimaklassifikationen verschiedener Autoren
(KUPFER, NEEF, ALISSOV), die von FLOHN (1957) kritisch gewertet wur-
den. Alle diese Versuche kranken hinsichtlich der Charakterisierung der
Tropenzone und ihrer Untergliederung an einer sehr ungenauen räumlichen kartographischen Fixierung der tropischen Witterungstypen.
H. FLOHN hatte 1957 noch an der Möglichkeit gezweifelt, eine witterungsdynamische Klimaklassifikation kartographisch befriedigend auszu-
drücken. Heute jedoch scheint diese Ziel aufgrund einer besseren Datenlage und technischer Möglichkeiten, die Daten auch zu verarbeiten, näher-
gerückt.

Zusammenfassung

Die Tropen sind ein irdischer Landschaftsgürtel, der zu den Mittelbreiten auffällig kontrastiert. Das gilt für die natürlichen Gegebenheiten ebenso wie für kulturelle, gesellschaftliche und wirtschaftliche Strukturmerkmale. Klimatische und klimaökologische Studien über die Tropenzone dienen dem besseren Verständnis eines Landschaftsgürtels, in dem es an Grundlagenforschung jeglicher Art noch fehlt und unsere Kenntnisse zum natürlichen Landschaftshaushalt sehr unbefriedigend sind.

Dieser Beitrag charakterisiert die klimatischen und klimaökologischen Wesensmerkmale der Tropen und untersucht deren Grenzbedingungen. Die Tropen sind der Landschaftsgürtel ohne thermische Jahreszeiten. Die Abnahme der Wärme mit der Höhe gliedert sie aber in thermische Höhenstufen, so daß sich den „heißen" und „warmen" Tieflandtropen „kühle" und „kalte" Gebirgstropen zuordnen lassen (*Warm-Tropen, Kalt-Tropen*).

Dem thermischen Tropenbegriff wird ein hygrischer gegenübergestellt, denn die Jahreszeiten in den Tropen sind hygrisch bestimmt. Regen- und Trockenzeiten verschiedener Länge und Intensität gliedern den Jahresverlauf und unterscheiden eine Fülle klimaökologischer Zonen aller Feuchtigkeitsgrade in den verschiedenen thermischen Höhenstufen. Da viele aride Gebiete unserer Erde den thermischen Tropenbedingungen entsprechen, gibt es nicht nur „feuchte", sondern auch „trockene" Tropen, in die auch Teile der Wüsten einbezogen sind (*Feucht-Tropen, Trocken-Tropen*).

Eine witterungsklimatologische Charakterisierung der Tropen ist theoretisch gut fundiert. Wegen der vergleichsweise immer noch geringen Kenntnis der Ursachen tropischen Witterungsgeschehens sind jedoch die Wesensmerkmale noch nicht voll erforscht. Eine witterungsklimatische Abgrenzung der Tropen einschließlich einer kartographischen Fixierung ist bisher nur an gut untersuchten Einzelbeispielen möglich.

Literatur

BATES, M.: Where winter never comes. A Study of Man and Nature in the Tropics, New York 1963.

BREUER, A.: Die Bewölkungsverhältnisse des südhemisphärischen Südamerika und ihre klimageographischen Aussagemöglichkeiten. Eine Untersuchung auf der Grundlage von Wettersatellitenbildern. Diss. Bonn (1974).

BUCH, L. VON: Über die subtropische Zone. Poggendorff's Annalen der Physik und Chemie. Vol. *15*, 355-362 (1829).

BUDYKO, M. J.: Der Wärmehaushalt der Erdoberfläche. Hrsg. vom Geophys. Beratungsdienst der Bundeswehr im Luftwaffenamt. Orig. russ., Deutsche Fassung von E. Pelzl. Porz–Wahn (1963).

BÜDEL, J.: Das natürliche System der Geomorphologie mit kritischen Gängen zum Formenschatz der Tropen. 152 S. Würzburger Geogr. Arb. *34*, Würzburg (1971).

BULTOT, F.: Sur la délimination de la zone tropicale humide. Inst. Roy. Météorol. de Belgique. Contributions No. *95*, 406–412 (1964).

CANDOLLE, A. DE: Constitution dans le règne végétal de groupes physiologiques applicables à la géographie botanique ancienne et moderne. Arch. d. Scien. Bibl. Univers. (1874).

DOMRÖS, M.: Frost in Ceylon. Arch. Met. Geophys. Biokl. Ser. B *18*, 43–52 (1970).

ELLENBERG, H.: Typen tropischer Urwälder in Peru. Schweizerische Zeitschr. f. d. Forstwesen *110*, 169–187 (1959).

FLOHN, H.: Zur Frage der Einteilung der Klimazonen. Erdkunde *11*, 161–175 (1957).

FLOHN, H.: Tropical circulation pattern. Bonner Met. Abh. *15* (1971).

FOSBERG, F. R., B. J. GARNIER und A. W. KÜCHLER: Delimination of the humid tropics. The Geogr. Rev., New York, Vol. *51*, 333–347 (1961).

FRANKENBERG, P.: Pflanzengeographische Studien zum Problem der Tropen/Subtropengrenze in der Sahara. Diss. Bonn 1975 (in Vorbereitung).

GOUROU, P.: Les pays tropicaux. Principes d'une Géographie humaine et économique. 1e éd., Paris (1946). 4e éd. (1966).

GRISEBACH, A.: Die Vegetation der Erde nach ihrer klimatischen Anordnung. 2 Vol. Leipzig (1872).

HAGEDORN, J. u. H. POSER: Räumliche Ordnung der rezenten geomorphologischen Prozesse und Prozeßkombinationen auf der Erde (mit Karte). In: Abh. Akad. Wiss. in Göttingen Math. Phys. Kl. 3. Folge, Nr. 29, 426-439 Göttingen (1974).

HANDEL–MAZZETTI, H. V.: Die pflanzengeographische Gliederung und Stellung Chinas. Bot. Jb. f. System. Pflanzengesch. Vol. *64*, 309–323 (1931).

HANN, J. V.: Handbuch der Klimatologie. Vol. II/*1*. Stuttgart (1910).

HUMBOLDT, A. V.: Ideen zu einer Physiognomik der Gewächse. Tübingen (1806).

– Des lignes isothermes et de la distribution de la chaleur sur le globe. Mém. Phys. Chimie, Soc. d'Arcueil *3*, 462–602 (1817).

JENSCH, G.: Klima-Globus, Berlin (1970).

KLAUS, D.: Zusammenhänge zwischen Wetterlagenhäufigkeit und Niederschlagsverteilung im zentralmexikanischen Hochland. Erdkunde *25*, 81–90, Bonn (1971).

KLAUS, D.: Niederschlagsgenese und Niederschlagsverteilung im Hochbecken von Puebla–Tlaxcala. Bonner Geogr. Abh. *52*, 1975 (im Druck).

KÖPPEN, W.: Die Wärmezonen der Erde. Met. Z., 215–226 (1884).

– Versuch einer Klassifikation der Klimate, vorzugsweise nach ihren Beziehungen zur Pflanzenwelt. Geogr. Z. *6*, 593–611 und 657–679 (1900).

– Das geographische System der Klimate. Hb. Klimatol. Vol. I, Tl. C, 1–45, Berlin (1936).

– GEIGER: Klima der Erde (Wandkarte 1:16000000). Neubearbeitung von R. Geiger und W. Pohl, Darmstadt (1953).

KESSLER, A.: Zur Klimatologie der Strahlungsbilanz auf der Erdoberfläche. Erdkunde *17*, 1–10, Bonn (1973).

KREBS, N.: Die Grenzen der Tropen. Forsch. u. Fortschr. *21*, 21–24 (1945).

LAUER, W.: Hygrische Klimate und Vegetationszonen der Tropen mit besonderer Berücksichtigung Ostafrikas. Erdkunde *5*, 284–294, Bonn (1951).

–- Humide und aride Jahreszeiten in Afrika und Südamerika und ihre Beziehungen zu den Vegetationsgürteln. Bonner Geogr. Abh. *9*, 15–98 (1952).

– Problemas de la división fitogeográfica en América Central. Coll. Geogr. Vol. *9*, 139–156, Bonn (1968).

– Zusammenhänge zwischen Klima und Vegetation am Ostabfall der mexikanischen Meseta. Erdkunde *27*, 192–213, Bonn (1973).

– und D. KLAUS: Geoecological Investigations on the Timberline of Pico de Orizaba (Mexico). Arctic and Alpine Research, Boulder (Col.) (1975).

LONDON, J. and T. SASAMORI: Radiative Energy Budget of the Atmosphere. Space Research XI, 639–649, Berlin (1971).

LOUIS, H.: Der Bestrahlungsgang als Fundamentalerscheinung der geographischen Klimaunterscheidung – mit einer Kartenskizze. Schlern-Schriften *190*, 155–164, Innsbruck (1958).

DE MARTONNE, E.: Traité de Géographie Physique, Paris (1909).

– Géographie Zonale. La zone tropicale. Annales de Géographie *297*, 1–18, Paris (1946).

MAULL, O.: Die Bestimmung der Tropen am Beispiel Amerikas. Ein Beitrag zur allgemeinen vergleichenden Länderkunde. Festschrift zur Hundertjahrfeier d. Ver. Geogr. Stat. zu Frankfurt/Main, 337–365, Frankfurt (1936).

MONOD, TH.: Notes Botaniques sur le Sahara occidental et ses confins sahéliens. La vie dans la région désertique nord tropicale de l'ancien monde. Mém. Soc. Biogeogr. VI, 351 ff., Paris (1938).

PENCK, A.: Versuch einer Klimaklassifikation auf physiographischer Grundlage. Sitz.-Ber. Kgl. Preuß. Akad. Wiss., Phys.-math. kl. *12*, 236–246 (1910).

PENMAN, H. L.: Natural evaporation from open water, bare soil and grass. Proc. Royal Soc. (A) *193*, 120–145 (1948).

– Vegetation and hydrology. Tech. Comm. *53*, Commonwealth Bureau of Soils, Harpenden (1963).

PHILIPPSON, A.: Grundzüge der allgemeinen Geographie. Bd. 1, Leipzig (1933²).

RATHJENS, C. (ed.): Klimatische Geomorphologie, Darmstadt (1971).

RIEHL, H.: Tropical Meteorology. New York (1954).

Sapper, K.: Die Tropen. Natur und Mensch zwischen den Wendekreisen. Stuttgart (1923).

Schimper, A. F. W.: Pflanzen-Geographie auf physiologischer Grundlage. 2. Ed., Jena (1908).

Schneider-Carius, K.: Die Grundschicht der Atmosphäre als Lebensraum. Arch. Met. Geophys. Biokl., Ser. B, *2*, p. 174–187, Wien (1951).

Schweinfurth, G.: Pflanzengeographische Skizze des gesamten Nilgebietes. Pet. Geogr. Mitt. *14*, 113, 155, 244ff. (1868).

Steenis, C. G. G. J. van: Frost in the Tropics. Symposium Recent Advances Trop. Ecology, Varanasi, 154–167 (1968).

Strahler, A. N.: Introduction to Physical Geography (3 Ed.), New York (1973).

Supan, A.: Die Temperaturzonen der Erde. Pet. Geogr. Mitt. (1879).

– Grundzüge der physischen Erdkunde (4. Ed.), Leipzig (1908).

Thorbecke, F. (ed.): Morphologie der Klimazonen. Düsseldorfer geographische Vorträge und Erörterungen, 3. Teil, p. 1–100, Breslau (1927).

Thornthwaite, C. W.: The Climates of the Earth. Geogr. Rev. *23*, 433–440 (1933).

– The climates of North America according to a new classification. Geogr. Rev. *21*, 633–655 (1931).

– An approach toward a rational classification of climate. Geogr. Rev. *38*, 55–94 (1948).

– and J. R. Mather: The role of evapotranspiration in climate. Arch. f. Met., Geoph. u. Biokl., Ser. B, *3*, 16–39 (1951).

– Instructions and tables for computing potential evapotranspiration and the water balance. Publ. in Climatology X, *3*, (1957).

Troll, C.: Thermische Klimatypen der Erde. Pet. Geogr. Mitt., 81–89 (1943).

– Der asymmetrische Aufbau der Vegetationszonen und Vegetationsstufen der Nord- und Südhalbkugel. Bericht über das Geobotanische Forschungsinstitut Rübel. 46–83, Zürich (1948).

– Zur Physiognomik der Tropengewächse. Jahresbericht der Ges. der Freunde und Förderer der Rhein. Friedr.-Wilh.-Univ. Bonn, 1–75, Bonn (1958).

– Das Pflanzenkleid der Tropen in seiner Abhängigkeit von Klima, Boden und Mensch. Dt. Geogr. Tag Frankfurt, p. 35–66 (1951).

– Die tropischen Gebirge. Ihre dreidimensionale klimatische und pflanzengeographische Zonierung. Bonner Geogr. Abh. *25*, (1959).

– Die dreidimensionale Landschaftsgliederung der Erde. Hermann von Wissmann-Festschrift. 54–80, Tübingen (1962).

– (ed.): Geo-Ecology of the mountainous regions of the Tropical Americas. Coll. Geogr. Vol. *9*, Bonn (1968).

– The Cordilleras of the Tropical Americas. Aspects of climatic, phytogeographical and agrarian ecology. Coll. Geogr. Vol. *9*, 15–56, Bonn (1968).

Walter, H.: Die Vegetation der Erde in ökologischer Betrachtung. Vol. *1*. Die tropischen und subtropischen Zonen. Stuttgart (1962).

Weischet, W.: Der tropisch-konvektive und der außertropisch-advektive Typ der vertikalen Niederschlagsverteilung. Erdkunde *19*, 6–14, Bonn (1965).

– Klimatologische Regeln zur Vertikalverteilung der Niederschläge in Tropengebirgen. Die Erde, 287–306, Berlin (1969).

WILHELMY, H.: Klimamorphologie der Massengesteine. Braunschweig (1958).
– Geomorphologie in Stichworten. Teil IV, Klimageomorphologie, Kiel 1974.
WISSMANN, H. v.: Die Klima- und Vegetationsgebiete Eurasiens. Z. Ges. Erdk., 1–14 Berlin (1939).
– Pflanzenklimatische Grenzen der warmen Tropen. Erdkunde 2, 81–92, Bonn (1948).
ZOLOTAREVSKY, B. et M. MURAT: Divisions naturelle du Sahara et sa limite méridionale. Mém Soc. Biogeogr. VI, 335 ff., Paris (1938).

Abbildungsverzeichnis

Abb. 24a und b. Anteil der sommerlichen und winterlichen Niederschlagstypen am Gesamtniederschlag in Turrialba (Costa Rica).

Abb. 25. Die jahreszeitliche Verteilung des Niederschlags in % des Gesamtniederschlags auf der Westabdachung Mittelamerikas.

Abb. 26. Der Übergangsraum zwischen Tropen und Außertropen in Südamerika östlich der Anden nach verschiedenen Kriterien aus: BREUER 1974.

Photoverzeichnis

TAFEL 1

Photo 1. Immergrüner tropischer Regenwald mit deutlich sichtbarem Stockwerkbau. Petén (Guatemala). Photo: W. Lauer, August 1966.

TAFEL 2

Photo 2. Immergrüner tropischer Regenwald der terra firme in Amazonien. Manaus (Brasilien). Photo: W. Lauer, Juli 1974.

TAFEL 3

Photo 3. Tropischer Bergwald in einer Talschlucht der Ostkordillere Kolumbiens (1000 m NN). Straße Bogotá-Villavicencio. Photo: W. Lauer, Juli 1973.

TAFEL 4

Photo 4. Reste des immergrünen tropischen Bergwaldes in der Ostkordillere Kolumbiens (1000 m NN). Die Bergwälder werden durch intensiven Brandrodungsfeldbau stark zurückgedrängt. Photo: W. Lauer, Juli 1973.

Photo 5. Nebelwaldstufe in ca. 1700 m in der Sierra Madre Oriental von Mexiko bei Teziutlan. Vorherrschende Art im Vordergrund *Liquidambar styraciflua*. Nebeluntergrenze bei 1800 m NN. Photo: W. Lauer, Oktober 1971.

TAFEL 5

Photo 6. Baumfarn und *Gunnera chilensis* im tropischen Bergwald der Zentralkordillere Kolumbiens (1800 m NN). Photo: W. Lauer, Juli 1973.

Photo 7. Baumfarn im tropischen Bergwald der Sierra Madre Oriental in Mexiko (1600 m NN) unterhalb von Teziutlan. Photo: W. Lauer, April 1972.

TAFEL 6

Photo 8. Nebelwald in der Sierra Madre Oriental (Mexiko), immergrüne Eiche *Quercus laurina* mit Flechtenbehang (*Usnea barbata*) Straße zwischen Tehuacan und Acultzingo (2500 m NN). Photo: W. Lauer, Juli 1972.

TAFEL 7

Photo 9a und b. Regengrüner Feuchtwald, a) während der Regenzeit, September 1953, b) während der Trockenzeit, Dezember 1953 in El Salvador. Photo: W. Lauer.

TAFEL 8

Photo 10. Halblaubwerfender Feuchtwald in der Serra do Mar bei Rio de Janeiro. *Ceiba pentandra* im Trockenstand. Photo: W. Lauer, August 1956.

Photo 11. Palmsavanne von *Copernicia australis* im grundwasserfeuchten Gebiet nahe dem Rio Pilcomayo im paraguayischen Chaco. Photo: W. Golte, September 1970.

Photo 12. Trockensavanne mit schirmkronigen Leguminosen-Bäumen und Büschen. Im Mittelgrund zwei Vertreter der Gattung *Cassia*. Sonsonate, El Salvador. Photo: W. Lauer, November 1953.

Photo 13. Galeriewaldsavanne in El Salvador während der Trockenzeit, im Vordergrund Brandrodung. Photo: W. Lauer, November 1953.

TAFEL 10

Photo 14. Savannenwald der Campos Cerrados in Mato Grosso, Brasilien während der Trockenzeit. Abblätternde Rinde von *Cercidium sp.* Photo: W. Lauer, September 1956.

Photo 15. Flaschenbaum (*Chorisia insignis*) in der Dorn- und Sukkulenten-Savanne des paraguayischen Chaco. Photo: W. Golte, September 1973.

TAFEL 11

Photo 16. *Acacia hindsii*, ein myrmecophiler Busch in den Dornsavannen von El Salvador. Photo: W. Lauer, März 1953.

Photo 17. Morro-Savanne in El Salvador mit *Crescentia alata*. Photo: W. Lauer, März 1953.

TAFEL 12

Photo 18. Caatinga-Dornwald in Nordost-Brasilien mit Bromelien und dem Xique-Xique (*Pilocereus gounellei*). Photo: W. Lauer, April 1958.

Photo 19. Berg-Dornsavanne im Tehuacan-Tal (Mexiko) 1250 m NN, mit Akazienbeständen (vorw. *Cercidium praecox*) und der Kaktee *Stenocereus weberi*. Photo: W. Lauer, September 1962.

TAFEL 13

Photo 20. Schopfbaum Berg-Dornsavanne mit *Yucca elephantipes*, Agaven, Opuntien, Kakteen und Leguminosen-Dornsträuchern der Gattungen *Mimosa* und *Acacia* im Hochtal von Tehuacan, Mexiko. Photo: W. Lauer, November 1969.

TAFEL 14

Photo 21. Peruanische Küstenwüste mit Dünenaufwehungen. Photo: W. Golte, März 1973.

Photo 22. *Tillandsia latifolia*, eine wurzellose Bromeliacee in der peruanischen Küstenwüste. Photo: W. Golte, Oktober 1972.

TAFEL 15

Photo 23. Páramo de Sumapaz, Kolumbien, (3800 m NN) mit *Espeletia grandiflora* (sog. frailejones). Photo: W. Lauer, Juli 1973.

Photo 24. Páramo de Sumapaz, Kolumbien, (3800 m NN). *Espeletia grandiflora* mit Blüten. Rechts vorne: *Rynchospera sp.* (Cyperacee), sonst vorw. *Calamagrostis effusa* (Graminee) als „Tussok"-Unterwuchs. Photo: W. Lauer, Juli 1973.

TAFEL 16

Photo 25. Páramo de Sumapaz, Kolumbien, (3600 m NN) mit *Puya dasylirioides*. Photo: W. Lauer, Juli 1973.

TAFEL 17

Photo 26. Untere Páramostufe in Costa Rica (3200 m Cerro de la Muerte) mit dem Blechnumbaumfarn *Lomaria loxensis*. Im Hintergrund Blütenstand von *Puya dasylirioides*. Photo: W. Lauer, Februar 1954.

TAFEL 18

Photo 27. *Polylepis*-Gehölze (*Polylepis boyacensis*) in der Páramo-Stufe der Ostkordillere Kolumbiens (3600 m NN), Páramo de Sumapaz. Photo: W. Lauer, Juli 1973.

Photo 28. Büschelgrasflur der Puna mit weidenden Lamas (*Lama Glama*) in der Cordillera Real Boliviens bei 4200 m. Photo: W. Golte, Dezember 1968.

TAFEL 19

Photo 29. *Opuntia floccosa*, eine sukkulente, dornige und wollhaarige Polsterpflanze in der peruanischen Puna bei 4300 m. Photo: W. Golte, September 1974.

Photo 30. Wollige Polsterpflanze (*Pycnophyllum sp.*) in der Puna, Cordillera Real, Bolivien, bei 4600 m. Photo: W. Golte, Dezember 1968.

Photo 1. Immergrüner tropischer Regenwald mit deutlich sichtbarem Stockwerkbau.
Petén (Guatemala). Photo: W. Lauer, August 1966.

Photo 2. Immergrüner tropischer Regenwald der terra firme in Amazonien.
Manaus (Brasilien). Photo: W. Lauer, Juli 1974.

Photo 3. Tropischer Bergwald in einer Talschlucht der Ostkordillere Kolumbiens (1000 m NN). Straße Bogotà-Villavicencio. Photo: W. Lauer, Juli 1973.

Photo 4. Reste des immergrünen tropischen Bergwaldes in der Ostkordillere Kolumbiens (1000 m NN). Die Bergwälder werden durch intensiven Brandrodungsfeldbau stark zurückgedrängt. Photo: W. Lauer, Juli 1973.

Photo 5. Nebelwaldstufe in ca. 1700 m in der Sierra Madre Oriental von Mexiko bei Teziutlan. Vorherrschende Art im Vordergrund *Liquidambar styraciflua*. Nebeluntergrenze bei 1800 m NN. Photo: W. Lauer, Oktober 1971.

Photo 7. Baumfarn im tropischen Bergwald der Sierra Madre Oriental in Mexiko (1600 m NN) unterhalb von Teziutlan. Photo: W. Lauer, April 1972.

Photo 6. Baumfarn und *Gunnera chilensis* im tropischen Bergwald der Zentralkordillere Kolumbiens (1800 m NN). Photo: W. Lauer, Juli 1973.

Photo 8. Nebelwald in der Sierra Madre Oriental (Mexiko), immergrüne Eiche *Quercus laurina* mit Flechtenbehang (*Usnea barbata*). Straße zwischen Tehuacan und Acultzingo (2500 m NN). Photo: W. Lauer, Juli 1972.

Photo 9a und b. Regengrüner Feuchtwald, a) während der Regenzeit, September 1953, b) während der Trockenzeit Dezember 1953 in El Salvador. Nur in der Schlucht bleibt die Vegetation auch während der Trockenzeit belaubt.   Photo: W. Lauer.

Photo 10. Halblaubwerfender Feuchtwald in der Serra do Mar bei Rio de Janeiro. *Ceiba pentandra* im Trockenstand. Photo: W. Lauer, August 1956.

Photo 11. Palmsavanne von *Copernicia australis* im grundwasserfeuchten Gebiet nahe dem Rio Pilcomayo im paraguayischen Chaco. Photo: W. Golte, September 1970.

Photo 12. Trockensavanne mit schirmkronigen Leguminosen-Bäumen und Büschen. Im Mittelgrund zwei Vertreter der Gattung *Cassia*. Sonsonate, El Salvador. Photo: W. Lauer, November 1953.

Photo 13. Galeriewaldsavanne in El Salvador während der Trockenzeit, im Vordergrund Brandrodung. Photo: W. Lauer, November 1953.

TAFEL 10

Photo 14. Savannenwald der Campos Cerrados in Mato Grosso, Brasilien während der Trockenzeit. Photo: W. Lauer, September 1956.

Photo 15. Flaschenbaum (*Chorisia insignis*) in der Dorn- und Sukkulenten-Savanne des paraguayischen Chaco. Abblätternde Rinde von *Cercidium sp.* Photo: W. Golte, September 1973.

Photo 16. *Acacia hindsii*, ein myrmecophiler Busch in den Dornsavannen von El Salvador. Photo: W. Lauer, März 1953.

Photo 17. Morro-Savanne in El Salvador mit *Crescentia alata*. Photo: W. Lauer, März 1953.

Photo 18. Caatinga-Dornwald in Nordost-Brasilien mit Bromelien und dem Xique-Xique (*Pilocereus gounellei*). Photo: W. Lauer, April 1958.

Photo 19. Berg-Dornsavanne im Tehuacan-Tal (Mexiko) 1250 m NN, mit Akazienbeständen (vorw. *Cercidium praecox*) und der Kaktee *Stenocereus weberi*. Photo: W. Lauer, September 1962.

Photo 20. Schopfbaum-Berg-Dornsavanne mit *Yucca elephantipes*, Agaven, Opuntien, Kakteen und Leguminosen-Dornsträuchern der Gattungen *Mimosa* und *Acacia* im Hochtal von Tehuacan, Mexiko. Photo: W. Lauer, November 1969.

Photo 21. Peruanische Küstenwüste mit Dünenaufwehungen. Photo: W. Golte,
März 1973.

Photo 22. *Tillandsia latifolia*, eine wurzellose Bromeliacee in der peruanischen
Küstenwüste. Die Pflanze vermag mit Hilfe feiner Härchen und Saugschuppen Nebel-
feuchtigkeit aus der Luft aufzunehmen. Photo: W. Golte, Oktober 1972.

Photo 23. Pàramo de Sumapaz, Kolumbien, (3800 m NN) mit *Espeletia grandiflora* (sog. frailejones). Die Blätterhülle der unteren Stammpartien und die Büschelgrasflur im Unterwuchs sind zum großen Teil durch Feuer vernichtet. Photo: W. Lauer, Juli 1973.

Photo 24. Pàramo de Sumapaz, Kolumbien, (3800 m NN). *Espeletia grandiflora* mit Blüten. Rechts vorne: *Rynchospera sp.* (Cyperacee), sonst vorw. *Calamagrostis effusa* (Graminee) als „Tussok"-Unterwuchs. Photo: W. Lauer, Juli 1973.

Photo 25. Páramo de Sumapaz, Kolumbien, (3600 m NN) mit *Puya dasylirioides*.
Photo: W. Lauer, Juli 1973.

Photo 26. Untere Páramostufe in Costa Rica (3200 m Cerro de la Muerte) mit dem Blechnumbaumfarn *Lomaria loxensis*. Im Hintergrund Blütenstand von *Puya dasylirioides*. Photo: W. Lauer, Februar 1954.

Photo 27. *Polylepis*-Gehölze (*Polylepis boyacensis*) in der Páramo-Stufe der Ost-kordillere Kolumbiens (3600 m NN), Páramo de Sumapaz. Photo: W. Lauer, Juli 1973.

Photo 28. Büschelgrasflur der Puna mit weidenden Lamas (*Lama Glama*) in der Cordillera Real Boliviens bei 4200 m. Photo: W. Golte, Dezember 1968.

Photo 29. *Opuntia floccosa*, eine sukkulente, dornige und wollhaarige Polsterpflanze in der peruanischen Puna bei 4300 m. Photo: W. Golte, September 1974.

Photo 30. Wollige Polsterpflanze (*Pycnophyllum sp.*) in der Puna, Cordillera Real, Bolivien, bei 4600 m. Photo: W. Golte, Dezember 1968.

Abb. 17: Die hygrothermische Großgliederung der Tropen

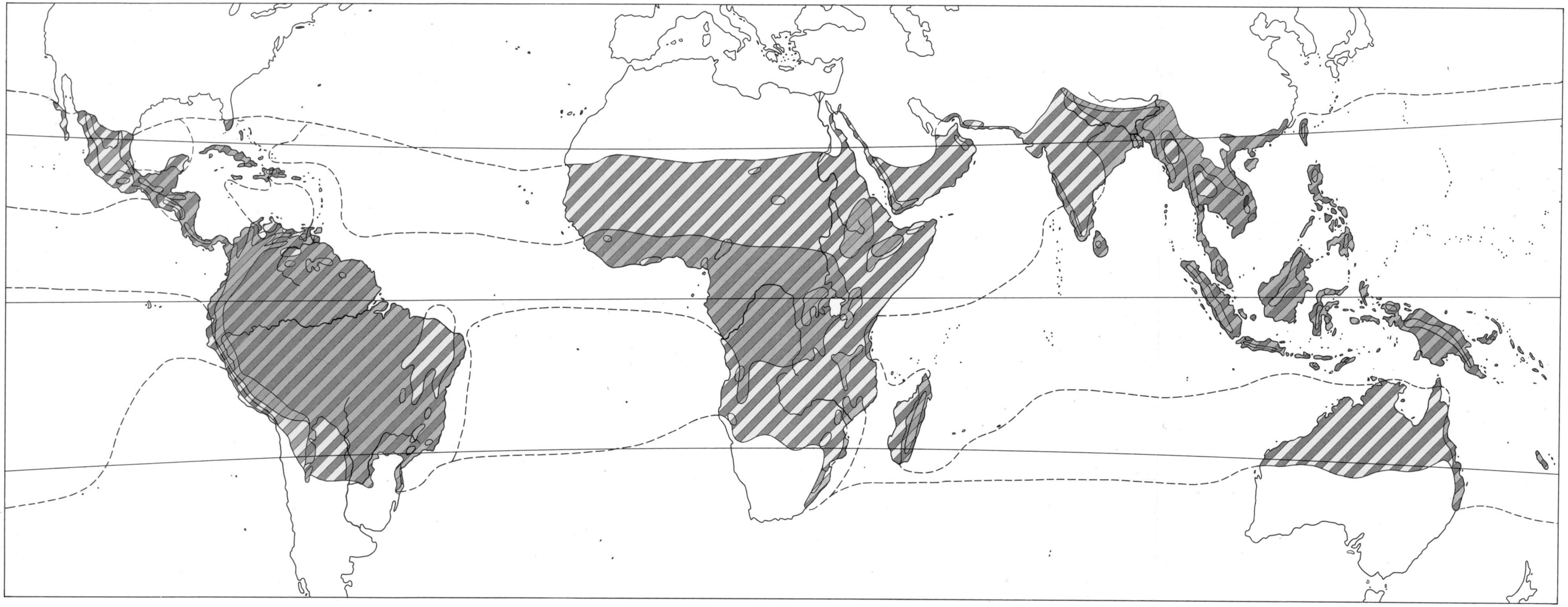

Entwurf: W. Lauer

Warmtropen   Kalttropen   Feuchttropen   Trockentropen   Merkmale und Begrenzungskriterien siehe Text

ABHANDLUNGEN DER AKADEMIE
DER WISSENSCHAFTEN UND DER LITERATUR

MATHEMATISCH-NATURWISSENSCHAFTLICHE KLASSE

Jahrgang 1965

1. ISTVAN OZSVATH, New Homogeneous Solutions of Einstein's Field Equations with Incoherent Matter. (PASCUAL JORDAN, JÜRGEN EHLERS, WOLFGANG KUNDT, ISTVAN OZSVATH, RAINER K. SACHS, MANFRED TRÜMPER, Strenge Lösungen der Feldgleichungen der Allgemeinen Relativitätstheorie VII) 31 S., DM 3,—

2. JÜRGEN KULLMANN, Rugose Korallen der Cephalopodenfazies und ihre Verbreitung im Devon des südöstlichen Kantabrischen Gebirges (Nordspanien). 136 S. mit 21 Abb. im Text und 7 Tafeln, DM 14,80

3. OTTO H. SCHINDEWOLF, Studien zur Stammesgeschichte der Ammoniten. Lieferung IV. 101 S. mit 58 Abbildungen im Text, DM 9,40

4. OTTO HAUPT, Verallgemeinerung zweier Sätze über interpolatorische Funktionssysteme, 17 S., DM 3,—

5. ZENON MOSZNER. Supplément aux théorèmes de O. HAUPT sur la wronskien. 7 S., DM 3,—

6. KARL MEIER-LEMGO, Die Briefe Engelbert Kaempfers. 50 S., DM 4,80

7. WALTER HENN, Über das alte und das neue Bauen. 16 S. mit 9 Tafeln, DM 3,—

8. OTTO FRÄNZLE, Die pleistozäne Klima- und Landschaftsentwicklung der nördlichen Po-Ebene im Lichte bodengeographischer Untersuchungen. 144 S. mit 31 Abb., 1 Tab. u. 1 Faltkarte, DM 14,—

9. HERBERT STRICKER und RUDOLF MARX, Über die Bedeutung der Art und der Stärke der Sulfurierung von Chrondroitinschwefelsäuren für deren blutgerinnungshemmende Wirkung. 19 S., DM 3,—

10. FOCKO WEBERLING und PIETER W. LEENHOUTS, Systematisch-morphologische Studien an Terebinthales-Familien (Burseraceae, Simaroubaceae, Meliaceae, Anacardiaceae, Sapindaceae). 90 S. mit 39 Abb. im Text, DM 8,80

11. RICHARD VIEWEG, Ephemeridenzeit und Atomzeit. 20 S. mit 5 Abb. im Text, DM 3,—

12. DIETRICH HAFEMANN, Die Niveauveränderungen an den Küsten Kretas seit dem Altertum. 84 S. mit 4 Abb. und 8 Tafeln, DM 9,40

Jahrgang 1966

1. WOLFRAM OSTERTAG, Chemische Mutagenese an menschlichen Zellen in Kultur. 124 S., 34 Abb. u. 32 Tab., DM 12,—

2. FERDINAND CLAUSSEN und FRANZ STEINER, Zwillingsforschung zum Rheuma-Problem. 198 S. mit 8 Tabellen, DM 18,60

3. OTTO H. SCHINDEWOLF, Studien zur Stammesgeschichte der Ammoniten. 131 S., Lieferung V. mit 95 Abbildungen im Text, DM 12,40

4. WILHELM TROLL und FOCKO WEBERLING, Die Infloreszenzen der Caprifoliaceen und ihre systematische Bedeutung. 151 S., 76 Abb., DM 14,20

5. HILDEGARD SCHIEMANN, Über Chondrodystrophie (Achondroplasie, Chondrodysplasie). 61 S. mit 13 Tab. u. 19 Abb., DM 5,80

6. HARM GLASHOFF, Endogene Dynamik der Erde und die Diracsche Hypothese. 31 S. mit 9 Abb., DM 3,20

7. HUBERT FORESTIER und MARC DAIRE, Anomalies de réactivité chimique aux points de transformation magnétique des corps solides. 15 S. mit 8 Abb., DM 3,—

8. OTTO H. SCHINDEWOLF, Studien zur Stammesgeschichte der Ammoniten. 89 S., Lieferung VI. mit 43 Abbildungen im Text, DM 8,40

Jahrgang 1967

1. CARL WURSTER, Chemie heute und morgen, 16 S., DM 3,—

2. WALTER SCHOLZ, Serologische Untersuchungen bei Zwillingen. 26 S. mit 6 Tabellen, DM 3,—

3. PASCUAL JORDAN, Über die Wolkenhülle der Venus. 7 S., DM 3,—

4. WIDUKIND LENZ, Lassen sich Mutationen verhüten? 15 S. mit 6 Abb. und 2 Taf., DM 3,—

5. OTTO HAUPT und HERMANN KÜNNETH, Über Ketten von Systemen von Ordnungscharakteristiken. 24 S., DM 3,—

6. KLAUS DOBAT, Ein bisher unveröffentlichtes botanisches Manuskript Alexander von Humboldts:

Über „Ausdünstungs Gefäße" (= Spaltöffnungen) und „Pflanzenanatomie" sowie „Plantae subterraneae Europ. 1794. cum Iconibus", 25 S. mit 13 Abb. und 4 Tafeln, DM 3,20

7. PASCUAL JORDAN und S. MATSUSHITA, Zur Theorie der Lie-Tripel-Algebren. 13 S., DM 3,40

8. OTTO H. SCHINDEWOLF, Analyse eines Ammoniten-Gehäuses. 54 S., mit 2 Abbildungen im Text und 16 Tafeln, DM 13,—

9. ADOLF SEILACHER, Sedimentationsprozesse in Ammonitengehäusen. 16 S. mit 5 Abb. und 1 Tafel, DM 3,40

Jahrgang 1968

1. HEINRICH KARL ERBEN, G. FLAJS und A. SIEHL, Über die Schalenstruktur von Monoplacophoren. 24 S. mit 3 Abb. im Text und 17 Tafeln, DM 9,—

2. PASCUAL JORDAN, Zur Theorie nicht-assoziativer Algebren. 14 S., DM 3,40

3. OTTO H. SCHINDEWOLF, Studien zur Stammes-

geschichte der Ammoniten. 181 S. mit 39 Abb. im Text, DM 28,40

4. HEINRICH RISTEDT, Zur Revision der Orthoceratidae. 77 S. mit 5 Tafeln, DM 14,—

5. PASCUAL JORDAN, S. MATSUSHITA, H. RÜHAAK, Über nichtassoziative Algebren, 19 S., DM 3,40